JN248846

道 路 の 維 持 管 理

平成 30 年 3 月

公益社団法人　日本道路協会

序　文

道路は、国民の日々の安全で快適な生活文化・社会経済活動を支えるとともに、災害時に避難路や物資輸送路として「命の道」としての機能を有するなど、最も基幹的で重要なインフラである。

我が国では、戦後の経済成長や国民生活の高度化にともなう道路交通の急激な伸長に対応するため、昭和29年度を初年度とする道路整備五箇年計画等諸制度を整え、鋭意道路整備を進めてきた。

一方で、高度経済成長期以降に整備されたインフラが今後一斉に老朽化し、建設後50年以上経過する割合が加速度的に高くなる見込みである。このような状況を踏まえて、「国民の命を守る」観点から、平成25年に「社会資本の維持管理・更新に関する当面講ずべき措置」が国土交通省から示され、同年を「社会資本メンテナンス元年」とされた。さらに、同年には老朽化への対応や、大規模災害の発生の可能性等を踏まえた道路の適正な管理を図るため、予防保全の観点を踏まえた道路の点検の実施等を含めた道路法の改正がなされるとともに、平成26年にはこれに関連した点検要領の整備や告示等がなされた。

このような背景から、道路管理に携わる者には、安全・安心、防災・減災のための道路の適正な管理の重要性が強く認識されていることを踏まえた道路管理を行うことが求められる。

日本道路協会は、道路ストックの適切な維持管理の重要性がますます高まってきていることをうけて、道路の維持修繕に携わる者が備えておくことが望ましいと考えられる巡視、情報の収集・提供、維持作業について、実状や最近の動向を踏まえて、このたび本書を発刊する運びとなった。

本書が、多くの道路管理に携わられる者に活用され、適切な道路の維持管理に貢献することを期待するものである。

平成30年3月

日本道路協会会長　谷　口　博　昭

まえがき

道路管理者は、道路を安全、安心でかつ快適に利用できるように保つために、道路管理を適切に行うことが必要であり、近年、道路構造物の老朽化が進む中、その重要性がますます高くなってきている。このような背景から、国は、道路構造物の老朽化対策として、予防保全の観点を踏まえて、平成25年6月に道路法第42条を改正し、平成26年7月1日に、5年に1回、近接目視を基本とする点検を規定した省令を施行するなど、法令等の整備も進めてきた。

一方、道路の維持管理に関する図書は昭和41年に「道路維持修繕要綱」が刊行された。その後道路構造の技術的な進歩、質的向上、ならびに安全対策、環境対策など社会的要請の増大、管理体制の変革などから昭和53年7月に改訂され、現在に至っている。

しかしながら、前述のように、道路管理をとりまく諸条件は、昭和53年当時と比べ大きく変化してきている。このような状況から、本書は、個別の道路構造物の点検や修繕に係る事項を除き、道路の維持管理に携わる者が、備えておくことが望ましいと考えられる、巡視、情報の収集・提供、維持作業に関する基礎的な知識や最近の動向について、近年の道路管理の実態を踏まえつつ技術的な参考書として取りまとめた。

本書が、実状に即し、より効率的な道路の維持管理に活用されることを祈念して止まない。

平成30年3月

道路維持修繕委員会委員長　森　永　教　夫

道路維持修繕委員会名簿（50音順）

委員長	○森　永　教　夫	
委　員	○伊　藤　　　高	○伊　藤　知　明
	○内　田　　　匡	○桑　　　昌　司
	護摩堂　　　満	近　藤　雅　弘
	○篠　原　正　美	○杉　崎　光　義
	○谷　川　征　嗣	○土　子　浩　之
	○那　須　清　吾	長谷川　朋　弘
	○早　野　英　人	○吉　田　英　治
	芳　野　高　志	
幹　事	○岡　本　哲　典	○西　田　秀　明
	○増　田　善　智	松　原　　　聡

要綱 WG 名簿（50音順）

主　査	○吉　田　英　治	
幹　事	○岡　本　哲　典	○北　出　一　雅
	○竹　田　佳　宏	○田　所　　　学
	○谷　川　征　嗣	○西　田　秀　明
	○増　田　善　智	松　原　　　聡

○印は平成30年3月現在の委員・幹事

目　　次

第１章　道路の維持管理

１－１　道路の維持管理概念

道路法でいう道路とは、一般交通のための道であり、トンネルや橋、渡船施設、道路用エレベーターなどの施設又は工作物や、道路標識、道路情報管理施設等の附属物なども含めたものである（道路法第二条）。

道路は、絶えず自動車や歩行者等の荷重を負担し、雨や雪、風、地震等の自然現象による影響を受けるが、これらに対して常に安全かつ円滑な交通を確保できるように管理する必要がある。ここで、道路法でいう道路管理については同法第三章で定められているように、道路管理者が行う道路に関する工事、行為等の全てを含むものであり、これを大別すると次のようになる。

ｉ）新設または改築

ⅱ）維持修繕および公共土木施設災害復旧事業費国庫負担法（昭和二十六年法律第九十七号）の規定の適用を受ける災害復旧事業（災害復旧）

ⅲ）その他の管理

このうち、道路の維持修繕については、道路法第四十二条において次のように定められている。

> 第四十二条　道路管理者は、道路を常時良好な状態に保つように維持し、修繕し、もつて一般交通に支障を及ぼさないように努めなければならない。
>
> 2　道路の維持又は修繕に関する技術的基準その他必要な事項は、政令で定める。
>
> 3　前項の技術的基準は、道路の修繕を効率的に行うための点検に関する基準を含むものでなければならない。

この条文で定められるように、常に道路を良好な状態に保つとともに、道路資産を保全するために、特に次の点を考慮する必要がある。

ⅰ）道路の欠陥、破損を生じる原因を除去し、それらを未然に防ぐこと。

ⅱ）道路の欠陥、破損を早期に発見し、必要に応じ応急措置を行うとともに、時期を失せずに復旧措置を講ずること。

ⅲ）作業を行う場合には、交通に与える障害および騒音・振動等沿道生活環境に及ぼす影響を最小限にすること。

これを実施するために行う道路の維持修繕は次のことを指している。

ⅰ）道路が築造されたときの機能を保持するための不断の手入れや修理

ⅱ）道路を使用する者の安全と便益をはかるための作業や施設の軽易な整備をいい、また、災害復旧も被災した施設を原形に復旧することを目的とするもので修繕の一形態と考えられる。

「維持」と「修繕」との区別は必ずしも明確ではないが、本書では、「国道（国管理）の維持管理等に関する検討会とりまとめ」参考資料（平成25年3月）での整理を参考に、次のように区分することとする。

「維持」：

・道路の機能及び構造の保持を目的とする日常的な行為（巡視、清掃、除草、剪定、除雪、舗装のポットホール処理等）

「修繕」：

・道路の損傷した構造を当初の状態に回復させる行為

・付加的に必要な機能及び構造の強化を目的とする行為

（橋梁、トンネル、舗装等の劣化・損傷部分の補修、耐震補強、のり面補強、防雪対策等）

なお、道路構造を全体的に交換するなど、同程度の機能で再整備する行為（橋梁架替など）については、「国道（国管理）の維持管理等に関する検討会とりまとめ」参考資料では「更新」として整理しており、本書においても同様に扱う。

１－２　本書適用上の留意事項

本書は、道路の維持管理の基本である巡視、情報収集と監視、道路に関する情報の提供、異常気象時等の対応、維持作業の基本的事項について、各道路管理者が、関連法令や各道路管理者の組織・体制・予算、路線の重要度等、道路の維持管理の特性や実状に応じて具体的な計画や実施方法を定める際の参考となるようにとりまとめたものである。

なお、本書に記載されていない道路の維持、点検や診断、修繕、更新等道路管理にかかわる事項や、個別の道路施設（橋、トンネル、道路土工構造物、舗装、道路標識、照明施設、換気設備等）に係わる内容については、それぞれ関連の法令に基づくとともに関連する要領等を適宜参考にし、実際の道路の維持管理に際しては、これらもあわせて実施する必要がある。

1－3　用語の定義

本書で全般にわたって用いられる主な用語の定義を示す。なお、ここで示すのはあくまで本書における定義であり、同じ用語でも各種基準や基準類等によって異なる定義がされている場合があるので、読み替えなどの際には留意する必要がある。

表 1-1　本書における用語の定義

用語	定義
巡視	道路の異状等に対して、適宜の措置を講ずるため、道路及び道路の利用状況を把握するために見て回ること。 道路関係の法令では、道路法施行令第三十五条の二が平成 25 年の改定で追加された際に「巡視」が用いられた。なお、類似の言葉として「巡回」があるが、同意であることから本書では「巡視」で統一している。
点検	道路を構成する施設若しくは工作物又は道路の附属物その他の道路部分（道路施設等）を対象として、損傷、腐食その他の劣化の状況その他の異状を確認するために適切な時期に検査すること
調査	判断を行うために必要となる事項を明確にするために調べること
(健全性の)診断	点検または調査結果により把握された変状・異常の程度を判定区分に応じて分類すること。
措置	点検または調査結果に基づいて、構造物等の機能や耐久性等を回復されることを目的に、対策（修繕や監視）を行うこと
記録	点検や調査で確認された変状・異常や、診断、措置、措置後の確認結果等を後に伝えるために媒体（紙、電子媒体、写真等）に残すこと
監視	状態の観察を継続すること

第２章　道路の維持修繕に関する経緯

２－１　道路の維持管理・更新を取り巻く社会情勢

道路をはじめとした社会資本は、我々の日々の生活を支えるとともに、産業・経済活動の基盤であり、社会資本がその役割を十分に果たすことができるよう、適確な維持管理・更新が必要である。

維持管理・更新を取り巻く主な社会経済情勢としては、以下の三点が挙げられる。

第一に、高度経済成長期などに集中的に整備された社会資本が今後一斉に老朽化[※1]することが懸念される点である。老朽化した施設の増加により、維持管理費の増加が見込まれるとともに、今後も厳しい財政状況が続けば、真に必要な社会資本整備だけでなく既存施設の維持管理・更新にも支障を来すおそれがある。同時に、高齢化した施設の割合が増大していくと、重大な事故や致命的な損傷等の発生するリスクが高まることが予想されている。

第二に、戦後から現在に至るまで、我が国では経済成長や多くの災害を経験し、また研究開発等によって新たな知見が得られてきたこと等により、人々の社会資本に要求するサービス水準が高まってきた点である。具体的には、安全・安心、環境・景観、活力等に対する新たな社会的要請への対応が必要となっている。社会資本の維持管理・更新に関する技術もそのニーズに応えるべく進化してきた。

第三に、人口減少・少子高齢化が進行している点である。日本の総人口は、平成 24 年１月に国立社会保障・人口問題研究所がとりまとめた、「日本の将来推計人口（平成 24 年１月推計）」によると、2060 年には 8,674 万人となり、

※１　構造物等が当初有していた性能が経時的変化を伴う要因により低下すること。

2010年の1億2,806万人に比べ約4,132万人減少（約32%）すると推計されている。65歳以上の人口が増加する一方、生産年齢人口（15-64歳）、年少人口（0-14歳）は減少し、その結果、高齢化率（総人口に占める65歳以上人口の割合）はおよそ23%から40%へと高まる。人口減少、少子・高齢化が進むと、地域の活力の低下や施設あたりの利用者の減少により、社会資本により提供されるサービス水準の維持が困難になる地域が生じることが懸念される。

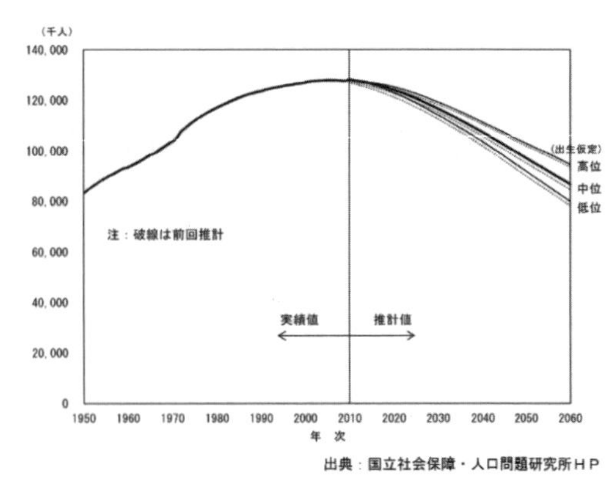

図2-1 総人口の推移－出生中位・高位・低位（死亡中位）推計－

我が国の道路は、高度経済成長期に集中的に整備されたため、今後、道路橋をはじめとした道路構造物の老朽化が急速に進行し、補修や更新の増加が想定される。建設後50年以上経過した道路構造物の割合をみると、平成30年3月時点で、橋は約25%であるが20年後には約73%へ、トンネルは約20%であるが20年後には約51%へと増加する。

表2-1 （参考）建設後50年以上経過する施設の割合の例（国土交通省道路局調べ）

	平成30年3月	10年後	20年後
道路橋（橋長2m以上）	約25%	約50%	約73%
トンネル	約20%	約34%	約51%

道路の老朽化の進行に伴って維持管理・更新費の増大が見込まれており、もし適切な管理が行われないことになれば、道路の機能不全による経済活動や生活への影響、老朽化による事故・災害等の発生も懸念される。

2－2　道路法四十二条の技術基準制定に至る経緯と制定後の取組

2－2－1　技術基準制定に至る経緯

(1) 技術基準制定前の対応

道路法第四十二条では、第1項において「道路管理者は、道路を常時良好な状態に保つように維持し、修繕し、もって一般交通に支障を及ぼさないように努めなければならない。」と規定され、第2項において「道路の維持又は修繕に関する技術的基準その他必要な事項は、政令で定める。」として、維持修繕の具体的基準は政令に委任されているものの、政令はこれまで定められていなかった。

政令及び省令による技術基準制定前は、国の通達や各道路管理者が定めた点検要領のほか、（公社）日本道路協会等が作成した便覧類で示されている状況であり、これらの通達や点検要領等の基準を参考にして、各道路管理者は道路の維持管理を実施していた。

国が管理する直轄国道の維持修繕については、平成22年に「国が管理する一般国道及び高速自動車国道の維持管理基準（案）」が策定され、適宜見直しを図りながら、この基準（案）に基づき行われている。また、直轄国道の道路構造物等施設の点検については、平成11年6月27日に発生したJR山陽新幹線の福岡トンネル覆工コンクリート落下事故を契機に各種点検要領が検討され、トンネルは平成14年の「道路トンネル定期点検要領（案）」、橋梁は平成16年の「橋梁定期点検要領（案）」、附属物については平成22年に「附属物（標識、照明施設等）の点検要領（案）」等を定め、原則5年に1回の頻度で定期点検を実施し、対策の要否の診断に応じて、予防的な修繕等が実施されていた。

(2) 道路の維持管理の必要性の高まり

このような状況に対し、国土交通省が設置している社会資本整備審議会道路分科会基本政策部会においては、「今後の道路政策の基本的方向」について議論が重ねられ、今後の道路政策の基本的方向としてとりまとめられた「道路分科会建議『中間とりまとめ』」（平成24年6月）では、持続可能で的確な維持管理・更新の必要性が提案された。また、社会資本整備重点計画（平成24年7月）や、国土交通省技術基本計画（平成24年12月）においても、今後の社会資本整備の維持管理の戦略的な実施等の必要性について明記された。

このような状況において、平成24年12月2日、中央自動車道上り線笹子トンネル（昭和52年12月供用）内で、トンネル天井板が落下し、死者9名、負傷者2名を出すという重大事故が発生した。

そこで、これらの課題への対応の検討に加え、この事故を受け道路の維持管理に関する技術基準類やその運用状況を総点検し、道路構造物の適切な管理のための基準類のあり方について調査・検討するために、社会資本整備審議会道路分科会に道路メンテナンス技術小委員会が平成25年1月に設置された。

なお、直轄国道等では、天井板落下事故を受けて、吊り金具により支えられた天井板を有するトンネルの緊急点検及びトンネル内の道路附属物等の一斉点検、並びに総点検要領に基づく道路ストックの総点検が実施されている。

(3) 道路メンテナンス技術小委員会の指摘

道路メンテナンス技術小委員会の「道路メンテナンスサイクル※2の構築に向けて」（平成25年6月）では、以下の内容が示された。「個々の道路は、一律の基準によるのではなく、交通特性や地形・気候等道路の構造に影響を与える種々の要因を勘案した上で、必要な維持管理が行われるべきである。個々の道路の各道路管理者が、具体の維持修繕をどのように行うべきか等を判断することが必要である。

従前は、道路の維持修繕に関して法令に位置づけのある基準はなかったが、このような考え方から、国土交通省の通達等を踏まえて、各道路管理者の定める要領などにより具体的な維持管理が行われてきた。

※2　点検→診断→措置→記録→（次の点検）の業務サイクルを通して、長寿命化計画等の内容を充実し、予防的な保全を進めること。
　ここで、長寿命化とは、構造物が当初有する性能を保持する期間を延ばすための一連の行為。

しかしながら、年数が経過した道路ストックが増加し、適切な維持管理の重要性が非常に高まっている状況から、各道路の維持管理が適切で確実に実施されるよう、これまでの技術的知見を活かして、点検等メンテナンスサイクル構築のための基本的な基準を法令上定めることが必要である。」(参考資料1参照)

2－2－2 技術基準の内容の概要

このような状況から、平成25年3月21日に「社会資本の維持管理・更新に関する当面講ずべき措置」が国土交通省から示され、この年が「社会資本メンテナンス元年」とされた。

また同時期に、道路の老朽化や大規模な災害の発生の可能性等を踏まえた道路の適正な管理を図るため、予防保全※3の観点を踏まえた道路の点検を行うべきことの明確化等を内容とする「道路法等の一部を改正する法律案」が、国会に提出され、平成25年6月5日に道路法第四十二条が改正された。

点検等メンテナンスサイクル構築のために必要不可欠な事項に関する基本的な基準としては、定期点検に関して省令・告示の改定が行われ、5年に1回、近接目視を基本とする点検を規定した省令・告示が平成26年3月31日に公布され、同年7月1日に施行された。

このような中、平成26年4月14日に社会資本整備審議会道路分科会から「道路の老朽化対策の本格実施に関する提言」が「最後の警告」として国土交通大臣に手交され、道路のメンテナンスに関して警鐘が鳴らされた。これに合わせ、道路の適切な維持管理を行うための基本方針として、点検、診断、措置、記録のメンテナンスサイクルを確定し、道路管理者の義務を明確化するとともに、メンテナンスサイクルを回す仕組みとして、予算、体制、技術、国民の理解・協働も示された。(参考資料2参照)

平成26年6月25日には、地方公共団体における円滑な点検実施のための技

※3　早期発見・早期対策で国民の安全安心とネットワークの信頼性を確保するとともに、ライフサイクルコストの最小化と構造物の長寿命化を図ること。

術的助言として、省令及び告示の規定に基づく、具体的な点検方法、主な変状の着目箇所、判定事例写真等を示した、道路橋、道路トンネル、シェッド、大型カルバート等、横断歩道橋、門型標識等の各定期点検要領が国において策定され通知された。(参考資料3参照)

2－2－3　技術基準制定後の取組

これら技術基準の制定後、関係機関の連携による検討体制を整え、課題の状況を継続的に把握・共有し、効果的な老朽化対策の推進を図ることを目的に、平成26年7月7日には、全都道府県において「道路メンテナンス会議」が設置され、道路管理者間で点検・措置状況の集約・評価・公表、点検業務の発注支援、技術的な相談対応を行うこととされた。

この会議において、点検、診断、措置、記録のメンテナンスサイクルが始動し、平成26年度から5年に1回の定期点検が開始された。

さらに、平成28年度には舗装点検要領及び小規模附属物点検要領が、平成29年度に道路土工構造物点検要領がそれぞれ策定されたところである。これにより、橋梁、トンネル、舗装、土工、附属物等の5分野に分類される道路施設に関する点検は規定されることとなった。(参考資料3参照)

しかしながら、日常の維持管理については、点検要領のように技術基準が示されているものはない。道路巡視（パトロール）などにより現地の状況を把握することなど個々の詳細な対応方法は、昭和41年に発刊され、昭和53年7月に改定された「道路維持修繕要綱」によるところが大きい状況となっている。実際、道路巡視の具体的な方法等は、それぞれの道路管理者における運用により定められているところであり、国においても「国が管理する一般国道及び高速自動車国道の維持管理基準（案)」に基づき実施されている。

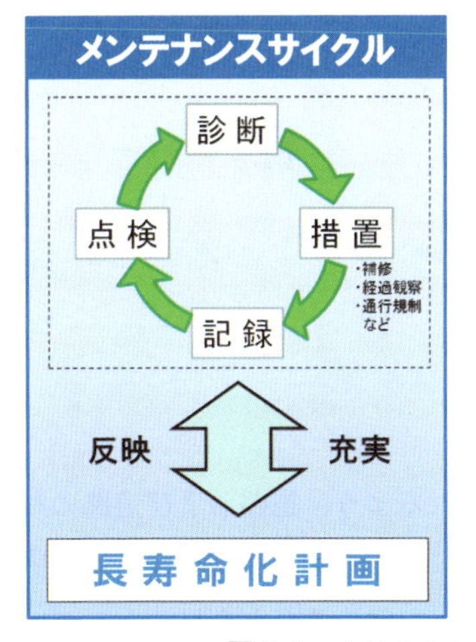

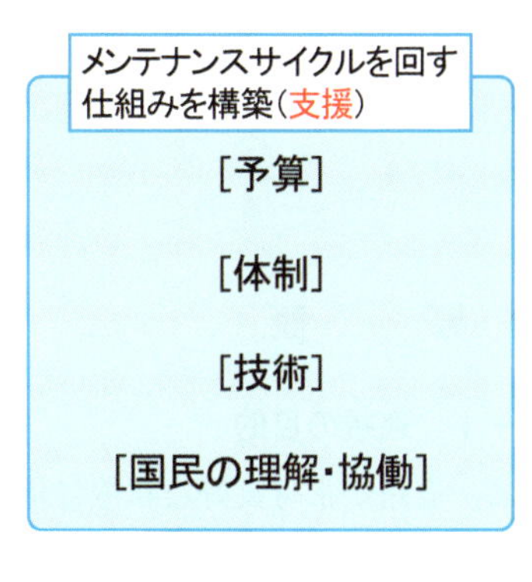

図 2-2　メンテナンスサイクルの仕組み

第3章　巡　　　視

3－1　概　　　説

3－1－1　巡視の目的

巡視は、道路が常時良好な状態に保たれるよう、道路および道路の利用状況を把握し、道路の異状および不法占用等に対して適宜、適切な措置を講ずるとともに、道路管理上必要な情報を収集し、記録することを目的としている。

巡視の目的は多岐にわたるが、主なものを列記すると次のとおりである。

i）道路の異状、破損等を発見し、道路構造の保全を図る。

ii）交通に支障を与える道路の障害物または障害発生のおそれのある異状を発見する。

iii）道路の交通状況を把握する。

iv）占用工事、請願工事等の実施状況を把握する。

v）道路の不法使用、不法占用に対する指導、取締りをする。

vi）緊急を要する異状を発見した場合に、応急措置を実施する。

3－1－2　巡視の種類

巡視の種類および名称は必ずしも統一されていないが、一般道路においては通常巡視、夜間巡視、定期巡視および異常時巡視の4種類に分けているのが一般的であり、そのほかに積雪寒冷地域においては雪氷巡視を実施している例がある。

各道路管理者において、これらの巡視から実施するものを定めている。

(1)　通常巡視

平常時における道路の異状および道路の利用状況等を把握するために行う巡視をいう。

⑵ 夜間巡視

夜間における交通の安全を確保するため、道路の異状および道路の利用状況等を把握するために行う巡視をいう。

⑶ 定期巡視

通常巡視では確認し難い、または確認し得なかった道路の異状および道路施設の状況を把握するために詳細に行う巡視をいう。

⑷ 異常時巡視

台風、大雨、大雪、地震等により道路交通への支障もしくは災害が発生した場合、またはそれらのおそれがある状況が発生した場合、道路の異状および道路の利用状況等を把握するために行う巡視をいう。

⑸ 雪氷巡視

冬期において降雪状況および路面凍結、地吹雪の状況、雪崩や融雪時の斜面の状況を把握するとともに、道路の異状および道路の利用状況等を把握するために行う巡視をいう。

3－1－3　巡視員の研修等

巡視は道路の維持管理上重要な業務であるから、巡視の目的、方法等を巡視員に周知し、必要に応じ管理瑕疵につながる事象に関する研修を行うなど、重大な欠陥が見落とされることがないように特に留意して、適切な巡視を実施できるようにしておく必要がある。

3－2　通 常 巡 視

通常巡視は、主として3-2-1に掲げる項目について、道路パトロールカー等の車内から視認できる範囲で状況を確認する。ただし、これらの項目を1回の巡視で全て把握することは不可能であるため、路面の破損、障害物の有無および建築限界の確保に関する項目は必須とし、それ以外の項目については重点項目を定めるなど効果的に行うとよい。

3－2－1　通常巡視における確認項目

通常巡視における主な確認項目の例を次に示す。

ⅰ）路面の状況

路面の穴、段差（橋梁や函渠などの構造物との境界部など）、ひび割れ、わだち掘れおよび凹凸

路上障害物（落下物等）、路面への落石、崩土

ⅱ）路肩の状況

車道部との段差、穴、欠損

ⅲ）排水施設の状況

排水施設の破損および通水状況（降雨時）

ⅳ）のり面の状況

のり面の崩壊、落石、倒木等の有無

ⅴ）のり面構造物の状況

擁壁、石積の破損、傾斜、はらみ出し

落石防護網、落石防護柵の破損

モルタル・コンクリート吹付、のり枠の破損（うき・剥離等）

ⅵ）交通安全施設の状況

防護柵、照明施設、道路標識、視線誘導標、道路反射鏡等の破損

広告物等による道路標識遮蔽の有無

区画線の不鮮明部分の有無、チャッターバーの破損

立体横断施設の破損

その他の付属施設の破損

ⅶ）中央帯、緑化施設の状況

縁石の破損、街路樹の傾き、樹勢状況、通行障害の有無、街路樹による標識・信号遮蔽の有無

ⅷ）橋梁の状況

高欄の破損、伸縮装置の破損または異常音、照明施設の破損

ⅸ）トンネルの状況

覆工の側壁部の汚れの状況、漏水の有無、換気施設、照明施設の破損

x）道の駅施設の状況

駐車場の破損、トイレの破損・汚れ、情報提供施設の破損・機能障害の有無

情報提供施設、トイレに関する具体的な確認事項については、国土交通省において利用されている「「道の駅」情報提供機能の改善に関するチェックポイント」(参考資料4参照)、「「道の駅」トイレの改善に関するチェックポイント」(参考資料5参照) が参考になる。

xi）道路工事（占用工事、請願工事を含む）保安施設の状況および交通規制の状況

xii）道路の不法使用、不法占用

xiii）交通の状況

なお、道路管理者において、巡視の着眼点や注意事項等を詳細に整理したマニュアル等を作成している場合があるので、それらが参考となる。

3－2－2　通常巡視の計画

(1) 巡視計画

通常巡視を計画的、効率的に行うには、あらかじめ週単位または月単位で巡視計画を立て、実施日毎の重点項目を定めて行うことが望ましい。

計画を立てる際には下記のような条件を考慮しながら、各道路管理者は巡視の委託も含めた実施体制で無理なく実施できるよう頻度を定めることが望ましい。

i）路線の重要度

路線の種別、交通量、交通の質（トリップ長、大型車混入率等)、旅行速度

ii）道路の状況

改良の状況、舗装の状況、維持修繕の実施状況、危険箇所の有無

iii）沿道の状況

出入制限の有無、沿道地域の土地利用、開発状況

全ての道路について高い頻度で通常巡視を実施することが困難である場合

には、高い頻度で通常巡視を実施する路線を定めるとともに、沿道住民等との協力体制、連絡体制を確保することにより、道路の異状等に関する情報を収集できるように努める。

(2) 班編成

一般的には1班2名以上（運転者を含む）の編成により実施している例が多い。ただし、巡視に合わせて維持作業も行う場合に、必要に応じ人員を増やす場合がある。

3－2－3　通常巡視の実施

(1) 巡視方法

通常巡視は道路パトロールカー等の車両に乗車し、目視により実施する。また、異状発見時には必要に応じて、道路パトロールカー等の車両から下車して状況の確認を行う。

(2) 情報連絡体制

巡視中は、異状を発見したときなどに無線機や携帯電話等により道路管理の拠点となる機関等と情報連絡ができるようにしておく。

(3) 携行する資器材

巡視に先立って、必要な車載資器材の確認を行うなどの十分な準備を行う。

なお、主な資器材の例を次に示す。

i ）道路管理資料（図面、管理資料、デジタル地図等）

ii ）記録測定器具（デジタルカメラ、ビデオカメラ、巻尺、ポール、双眼鏡、カラースプレー等）

iii）保安器具（セーフティーコーン、バリケード、保安ロープ、保安灯、誘導棒、標識、ハンドマイク（拡声器)、消火器等）

iv）照明器具

v ）応急処理材料（常温アスファルト合材、凍結防止剤等）

vi）工具（ツルハシ、スコップ、ハンマ、ワイヤーロープ等）

(4) 巡視中の措置

巡視中に道路および道路附属物等の破損、路上障害物を発見した場合には、速やかに交通の危険を防止するための措置を講ずる必要があり、その例として、常温アスファルト合材による路面補修、落下物等の回収や移動等の軽微な維持作業のほか、危険防止のため、その場でとりうる適切な応急措置を講ずる。ただし、応急措置が困難で、緊急的な対応が必要な場合や重大な事象等は、一般交通に対する安全を確保しつつ、速やかに道路管理の拠点となる機関等に連絡し、適切に対応を行う。

巡視中に発見した異状に対する応急措置の内容は、異状の規模・内容、交通の安全に及ぼす影響、当該地点の交通状況等を踏まえて総合的に判断する必要がある。また、過去にあった管理瑕疵の事例を参考に判断することも重要である。

巡視中に異状を発見した場合の対応の例を次に示す。

ｉ）異状内容の確認

異状を発見したら、速やかに安全な場所に車両を停車させ、黄色灯等を点灯させるなどして一般交通に対する安全を確保したうえで異状箇所の状況を確認するとともに、写真等による記録を行う。

＜対応が必要となる異状の代表的な例＞

・落下物（落石、動物の死骸、車両部品、各種積荷等）
・路面損傷（ポットホール、路面陥没等）
・舗装面以外の路面損傷（伸縮装置損傷、構造物による段差等）
・路面の汚損（区画線の汚れ・損耗、油漏れ等）
・構造物（擁壁、排水構造物、縁石等）の損傷
・交通安全施設（ガードレール、横断防止柵、標識等）の損傷
・土砂崩れや落石、倒木、のり面の変状
・街路樹の傾き・樹勢状況
・道路占用物件の損傷（水道の水漏れ、電柱の損傷・倒壊等）
・道路の不法使用、不法占用

ii）現場措置（通常時）

一般交通への被害を適切な措置により防止し、道路の損傷箇所等、確認した異状箇所については、カラースプレーによるマーキング等の表示

を行う。なお、落下物等については回収や移動を行うなど、適切な応急処理等を実施する。

iii）安全確保（緊急時）

異状箇所の状況により、セーフティーコーンやバリケード、保安ロープ等を用いて一般交通に対する安全を確保する。特に、危険性が高いと判断される場合は、道路パトロールカー等の車両を使用して通行規制を実施する。

なお、路上障害物（落下物等）は交通に支障を与え、後続車両の重大事故に繋がるおそれもあるため、発見後速やかに排除等の措置を講じる必要がある。それとともに、道路管理者は運転従事者に対して落下物防止に関する啓発に取り組むことも重要である。

また、道路法改正（平成28年9月）により不法占用物件の対策が強化され、車両からの落下物等の道路に放置された物件に加えて、看板等の道路に設置されている物件（違法放置等物件）に対する措置も可能になった。（参考資料6参照）

3－3　夜間巡視

夜間巡視は、夜間における交通の安全を確保するために実施する巡視であり、主として3-3-1に掲げる項目について、道路パトロールカー等の車内から視認できる範囲で状況を確認する。

3－3－1　夜間巡視における確認項目

夜間巡視における主な確認項目の例を次に示す。

ｉ）道路照明施設の点灯状況

ii）道路標識の視認状況

iii）区画線の視認状況

iv）視線誘導標等の視認状況

ｖ）道路工事（占用工事、請願工事を含む）の安全対策および交通規制の実

施状況

3－3－2　夜間巡視の計画

夜間巡視の計画は、道路照明施設等の施設量、夜間における交通量、沿道の状況を考慮し、あらかじめ年間の巡視計画を立てるなどして、無理なく実施できるよう計画することが望ましい。

3－3－3　夜間巡視の実施

通常巡視の場合に準じて実施するとよい。

3－4　定 期 巡 視

定期巡視は、主として通常巡視では確認し難い、または確認し得なかった道路の異状および道路施設の状況の確認を行うものであり、徒歩等により外観を視認できる範囲で確認する。

3－4－1　定期巡視における確認項目

定期巡視における歩道等路側の主な確認項目の例を次に示す。このほかにも通常巡視では目視できない構造物や附属物等について、徒歩等により視認できる範囲で異状、破損等の確認を行う。

ｉ）路側路面の状況

路面の穴、段差、水たまり、路上障害物（落下物等）

ⅱ）施設の状況

側溝蓋の破損や不備、防護柵等の破損

ⅲ）移動等円滑化

放置自転車の有無、歩行者動線の状況及び視覚障害者誘導用ブロック等の破損の有無

ⅳ）緑化施設の状況

街路樹や雑草の繁茂による通行障害の有無

ⅴ）道路の不法使用、不法占用

ⅵ）のり面の不連続や湧水の状況、排水施設の詰まりなど

3－4－2　定期巡視の計画

定期巡視は、通常巡視の結果を踏まえて実施を検討し、あらかじめ年間の巡視計画を立てるなどして、無理なく実施できるよう計画することが望ましい。

また、梅雨期の前にのり面、排水施設等、冬期の前に消融雪施設等の確認を行うなど、道路施設の種類によっては実施時期にも留意した方がよい。

3－4－3　定期巡視の実施

定期巡視は、対象区間を徒歩等により移動しながら目視確認を実施する。情報連絡体制や報告および記録については、通常巡視の場合に準じて実施するとよい。

巡視中に異状等を発見した場合には、通常巡視の場合と同様に、落下物等の回収や移動、除草及び清掃等のほか支障となっている箇所やその付近に歩行者等が近寄らないよう保安措置等を行うなど、その場でとりうる適切な措置を講ずる。

なお、定期巡視の際に、バリアフリー・交通安全に関する団体等、道路利用者との合同で行うことも、道路管理者とは異なる観点からの不具合箇所を見つける有効な方法の一つである。

3－5　異常時巡視

異常時巡視は、異常な天然現象や交通事故、火災等により、道路交通に支障を与えるおそれのある状況が発生したときなどに実施する巡視で、主にあらかじめ危険が予測される箇所及び主要構造物において、災害の実態等の把握を行うとともに必要な情報連絡を行うことにより、適切な防災対策または災害復旧に資するために実施する。

(1) 対象の事象

異常時巡視の対象となる天然現象等は、台風、大雨、地震（津波）、噴火、高潮、波浪、竜巻のような天然現象由来の事象のほか、大規模な交通事故、火災、この他これらに準じる事象である。なお、大雪については、3－6 雪氷巡視で扱うのでここでは対象外とする。

なお、それぞれの道路管理者は、あらかじめ過去の点検結果や被災履歴などを参考に、重点巡視箇所や巡視開始のタイミング、その基準値等を定めた出動基準等を具体に整理しておくことが望ましい。

(2) 巡視対象施設と着目点

巡視の対象は、道路利用者の被害、あるいは第三者に被害を及ぼすおそれのある橋梁等道路構造物の損傷であって、道路構造物本体とそれ以外に大別される。明らかに機能喪失している状況を除き、巡視の対象施設と着目点の例示を**表 3-1** に示す。

(3) 巡視方法

道路パトロールカーによる巡視を基本とし、地震などで規模が大きい場合は、必要に応じて、ヘリコプターやバイクによる巡視を実施する。

のり面・斜面や構造物を調査する場合は、必要に応じて、高所作業車や空洞探査車、ドローンなどを組み合わせて実施するとよい。

表 3-1 異常時巡視の対象施設と着目点

巡視対象施設			巡視の着目点
道路構造物本体	道路	舗装（路面）	陥没、亀裂、路上障害物
		盛土	沈下、崩壊
		斜面・切土のり面	崩壊、落石、擁壁倒壊
	橋梁	橋面	高欄・地覆のずれ 折れ角・蛇行 伸縮部開き・盛上り・段差
		上部工	不連続たわみ
		下部工	沈下、傾斜、ひび割れ、剥離
	トンネル		坑口周辺崩壊、覆工コンクリート剥離・崩落
	洞門・スノーシェッド		屋根・受台破損、傾斜、ひび割れ
	横断歩道橋		部材の破損、沈下、傾斜
	カルバート・地下横断歩道		路面陥没、冠水
	キャブ、電線共同溝、共同溝		路面上への突出、本体破損
道路構造物本体以外	沿道施設		道路上への建物倒壊
	占用施設		道路機能への影響
	その他		浸水、津波、火災、車両滞留状況、道路交通への支障、安全施設の不備など

(4) 実施時期

異常時巡視は、あらかじめ定めた、重点巡視箇所や出動基準等を具体に整理した計画に応じて実施するものであるが、少なくとも次の場合には実施する必要がある。

i ）通行規制の実施を検討する場合（ただし、事前通行規制区間において規制基準に基づき通行規制を実施する場合および現に災害が発生して通行規制を行う場合を除く）

ii ）通行規制を解除する場合

なお、通行規制を実施した場合には、規制を解除する際に通行の安全を確認するために行う巡視以外には、二次災害のおそれもあるため、規制区間内の巡視は実施しない方がよい。

異常時巡視の実施にあたっては、次の事項に留意する。

ⅰ）緊急を要する対応が想定されることや二次災害に巻き込まれることも想定されるため、巡視中は常に道路管理の拠点となる機関等と連絡手段を確保する。

ⅱ）応急措置が必要になることが多く、場合によって通行規制を実施することもあるので、保安施設、危険表示の標識、赤色ランプなど、夜間の車両通行に対する事故防止にも十分配慮した資器材を用意しておく必要がある。

ⅲ）第三者被害が想定される場合には、関係機関に通報し、沿道住民等が速やかに避難できるよう必要な措置をとる。

3－6　雪氷巡視

雪氷巡視は、冬期において、降雪状況、路面凍結、地吹雪の状況および雪崩や融雪時ののり面・斜面の状況を把握するために実施する巡視で、除雪の開始時期、除雪工法の判断、凍結防止剤の散布および雪庇や雪崩処理等を適切に実施するために行う。

(1)　対象の事象

雪氷巡視の対象となる天然現象等は、大雪、路面凍結、地吹雪、雪庇、雪崩、融雪時の異常湧水、この他これらに準じる事象である。

なお、あらかじめ過去の被災履歴などを調査し、重点巡視箇所や出動基準等を具体に整理しておくことが望ましい。例えば、国土交通省の各地方整備局では、あらかじめ大雪時に急な上り坂で大型車等が立ち往生しやすい場所等を選定し、集中的・効率的に優先して除雪を行う区間を除雪優先区間として定め、降雪時には重点的に監視や巡視を行うこととしている。

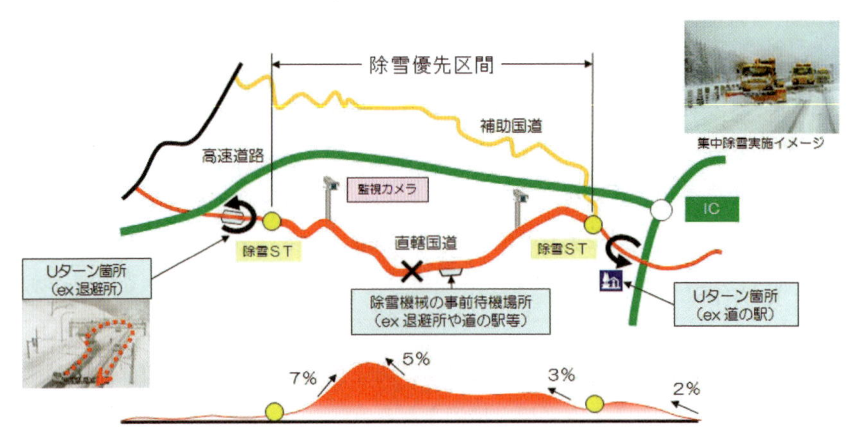

図 3-1　除雪優先区間のイメージ

(2) 巡視対象事象と着目点

巡視の対象は、事故や交通障害、第三者被害を及ぼすおそれのある降雪状況、路面凍結の状況、地吹雪の状況および雪崩や融雪時ののり面・斜面の状況である。巡視の対象事象と着目点の例を**表 3-2** に示す。

表 3-2　雪氷巡視の対象施設と着目点

巡視対象事象	巡視の着目点
気象状況	天候、気温、視界
路面状況	新雪、圧雪、凍結、ざくれ雪、乾燥・湿潤、わだち、吹きだまり、消雪パイプ・ロードヒーティング稼働状況
交通の状況	渋滞、事故、放置車両
周辺状況	雪崩、雪庇、落雪
トンネル、スノーシェッド、スノーシェルター、洞門	側壁・覆工のクラック、つらら、雪庇
情報板、路側放送	巡視内容と情報板、路側放送との整合
照明施設	照明灯・ブリンカーライト・視線誘導標の状況
駐車施設（道の駅等）	混雑状況と本線への影響、道路情報の提供
その他	除雪作業状況

1）路面凍結

路面凍結は、過去の実績からこれが局部的に発生する場合に交通事故が発生することが多いため、路面凍結の発生しやすい場所を重点的に巡視するとよい。なお、局部的に凍結の発生しすい場所としては、次のようなものがある。

a．橋梁部

b．トンネルの出入口、スノーシェッドの周辺

c．日照条件が良くない箇所

d．湧水の多い場所及びその周辺

e．消雪パイプの引きずり箇所

路面凍結防止の目的で凍結防止剤を散布する場合は、時期を失することがないよう、気象予報や巡視体制をあらかじめ整えておくことが望ましい。

2）除雪

積雪は局地性が強く一部の観測点における積雪、降雪量のみから、その地域の道路の積雪状況を的確に把握することは困難な場合がある。このため、気象予報等により降雪が予測される場合には、巡視を実施することが望ましい。除雪の初動対応の遅れが、その後の除雪サイクルに大きく影響を及ぼす場合があることから、除雪の開始時期を適切に判断するためにも、雪の降り始めの巡視が重要である。

3）雪崩、雪庇

ある程度の積雪があり斜面等に凸凹がなくなり、樹木や低木などの茂みが倒れるとすべり面ができ雪崩が発生するが、切土のり面など滑動しやすい斜面では少ない積雪でも滑落のおそれがある。

過去の発生状況や今後の気象状況から、雪面の割れ目や雪庇の発達など雪崩の兆候を見逃さないよう、巡視を実施することが望ましい。

4）融雪時ののり面

気温が上昇し雪解けが進む融雪期には、落石など融雪に伴う災害のおそれがある。

新たな落石や表土崩落、異常湧水、構造物の変位など災害の兆候を見逃

さないよう、巡視を実施することが望ましい。

5）除雪優先区間

前述の除雪優先区間においては、道の駅等の駐車施設をチェーンの着脱、Ｕターン、待避、道路情報提供の拠点とすることから、施設の混雑状況や本線への影響、道路情報の提供状況などにも着目して巡視を行うとよい。

(3) 巡視方法

道路パトロールカーによる巡視を基本とし、雪崩や融雪時ののり面・斜面の状況を把握する場合は、必要に応じて、高所作業車やドローン、ヘリコプターを組み合わせて実施する。

(4) 実施時期

雪氷巡視は、気象予報（降雪、凍結予報）のほか、気象状況、路面状況により交通障害が予想されるときや現に交通障害に関する情報があったときに必要に応じて実施する。

３－７　道路巡視の報告および記録

巡視中に把握した事項、異常事象等の内容は、巡視後の対応および今後の道路の維持管理に活用するためにも巡視中または巡視終了後に巡視日誌や巡視システム等に記録する。巡視中に撮影した写真は日時、位置、異状等の状態を記録し整理する。また、巡視の記録後に実施された措置についても必ず記録し整理する。

構造物に異状が確認された場合には必要に応じて詳細調査を実施するほか、通常巡視や定期巡視において確認された構造物の損傷、変状の情報については、位置も把握して当該構造物の点検の記録に追加し、次回の点検に反映するなど、効率的な維持管理に努めることが重要である。

なお、これまでは、決められたコースを移動し収集した情報は、巡視員が所定の様式に記録し、保管することが一般的であった。しかし、近年、情報技術及び通信技術の高度化はめざましく、道路管理者においても、道路情報の収集・記録が容易で確実に行えるよう道路巡視実施経過を記録するとともに、収集し

た事象をその場で記録できるシステムを導入しているところがある。(参考資料７参照)

このようなシステムの導入の利点を以下に示す。

ⅰ）巡視時に、現場で収集した事象データを機器に直接入力することで、現場で入力した事象データや写真をリアルタイムに道路管理の拠点となる機関等と共有でき、必要な措置判断を早期に行うことができる。

ⅱ）登録した経由地を通過すると自動的に時刻が記録され巡視ルートの記録のデータ化が可能になり、巡視の場所や時間が客観的に把握できる。

ⅲ）巡視後の報告書（日報など）が、定型様式で出力されるため、資料作成が省力化される。

ⅳ）収集した事象データの共有化や蓄積された事象データを分析し、異常発生の傾向等を客観的に把握することが可能となり、措置の実施方法や優先度の判断などに活用できる。

このようなシステムを利用することで、道路管理の省力化･効率化が図られ、より容易でかつ確実な巡視業務が可能な環境になりつつある。

第４章　道路情報収集と監視

４−１　道路情報の収集の目的

道路の管理には、交通事故や交通渋滞が多い都市部における交通対策、落石・土砂崩落などの災害が発生しやすい地方部における災害対策、さらにガードレール、道路照明灯等をはじめとする多種多様な道路施設の管理等があり、これらを効率的に管理するには、道路に関する最新の情報の収集が不可欠である。

また、道路に関する情報は迅速かつ的確性が不可欠であり、道路管理者が収集した情報に加え、道路を利用する方々から提供された最新の情報を積極的に活用することも重要である。

４−２　道路情報の収集体制

(1)　道路管理者が収集、把握する情報の種類

１）気象に関する情報

雨、雪、霧等の気象現象に関する情報

２）道路交通に関する情報

渋滞、通行規制、路上工事に関する情報

３）道路施設に関する情報

道路施設の破損、被災等に関する情報

４）その他の情報

警察、道路利用者等からの情報提供に関する情報

(2)　収集体制

道路管理者は、必要な情報を道路情報収集装置を設置して自ら収集するとともに他機関（気象台、警察署等）からも情報収集する。また、他の密接に

関連する道路情報についても、それぞれの道路管理者から入手できるような連絡体制にも留意する必要がある。さらに、普段から円滑に情報を入手できるような情報連絡体制を整備しておく必要もある。

平日昼間だけでなく、夜間、休日における連絡体制についても、あらかじめ連絡先、連絡方法等を定めておくことが必要である。この場合、警察署等の他の機関からの情報とともに、道路利用者等からの通報も受けることができるような体制をとることが必要である。

４－３　道路情報の収集方法

(1) 道路情報収集装置

道路情報収集装置はその目的により、道路災害事象の把握、気象状況の把握、積雪寒冷地における事象の把握、その他道路状況の把握の４つに分類される。それぞれの種類について**表 4-1** に整理したものを示す。

表 4-1　道路情報収集装置の目的とその種類

目　　的	種　　　類
気象状況の把握	・雨量計（**写真 4-1**） ・風向風速計（**写真 4-2**）
積雪寒冷地域における事象の把握	・路面凍結検知器（**写真 4-3**） ・積雪深計（**写真 4-4**）
道路状況の把握	・ETC 2.0（**写真 4-5**） ・車両感知器（**写真 4-6**） ・CCTV（**写真 4-7**）
道路災害事象の把握	・地震計 ・落石検知器（**写真 4-8**） ・地すべり検知器（**写真 4-9**） ・路面冠水検知器（**写真 4-10**）

写真 4-1　雨量計の例

写真 4-2　風向風速計の例

写真 4-3　路面凍結検知器の例

写真 4-4　積雪深計の例

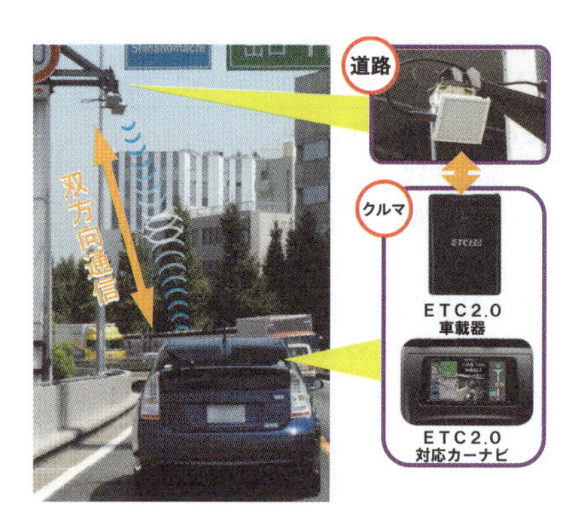

※ETC2.0
道路沿いに設置されたITSスポット（通信アンテナ）と対応車載器との間の高速・大容量通信により、広範囲の渋滞・規制情報提供や安全運転支援など様々なサービスが受けられる運転支援サービス。双方向通信により、道路管理に活用可能な車両の位置情報等の取得ができる。

写真 4-5　ETC 2.0による情報収集

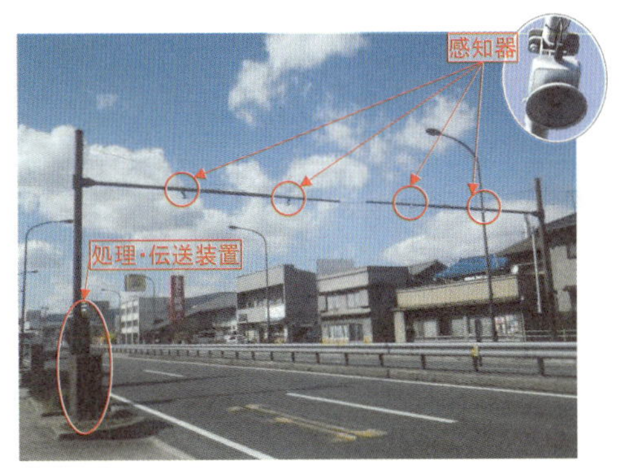

写真 4-6　車両感知器の例

写真 4-7　CCTV の例

右側のリングネットに落石があたることでワイヤーに生じる引張力をワイヤーに取り付けられたひずみ計で検知

写真 4-8　落石検知器の例

写真 4-9　地すべり検知器の例

■ 水位計

センサー付き、電光表示板及び赤色回転灯と連動

連動

■ 冠水警報装置

既設電光表示板に「冠水注意」の表示パターンを追加
（※普段は「この先」、「交差点あり」、「追突注意」を表示）

写真 4-10　路面冠水検知器の例

道路情報の収集は、外部からの情報提供の把握にも努めるとともに、道路に設置された道路情報収集装置の観測データなどから道路状況を把握する。道路情報収集装置の収集内容について**表 4-2** に示す。

表 4-2　道路情報収集装置と収集内容

測定機器	内　容
雨量計	事前通行規制区間の通行規制実施および解除の判断要素とする。また、箇所毎の降雨実績および管内の降雨状況の把握を行う。なお、気象庁等や自治体等との情報の共有化等を図ることにより、地域全体で降雨情報を相互に活用し適正な通行管理の実現を目指す。
風向風速計	風向風速計のデータを基に、迅速で的確な通行規制等（規制、規制準備、注意喚起等）を実施するための判断要素とする。特に、沿岸部の橋梁等で強風により交通に影響を及ぼす箇所や、地吹雪の発生しやすい箇所は、注意が必要となる。
路面凍結検知器	路面凍結検知器は効率的な除雪作業や薬剤散布を実施するための判断要素とする。一般的には路面反射比率計、通風式気温計、路面放射温度計で構成されており、道路の路面水分、路面温度及び大気温度を測定し路面状態等を判断するものである。
積雪深計	除雪、薬剤散布等の作業実施及び事前の道路巡視実施するための判断要素とする。また、雪に起因する通行規制（大雪・雪崩・地吹雪等）実施の判断要素とする。
ETC 2.0	ITS スポットや経路情報収集装置から得られたデータを ETC 2.0 プローブ情報といい、基本情報（車載器の情報）、走行履歴（所定のタイミングで、時刻・緯度経度・道路種別・速度・高度の走行軌跡を蓄積）、挙動履歴（急ブレーキ、急ハンドルなどを想定した挙動の変化を検知した時に蓄積）の収集を行う。
車両感知器	渋滞情報などの各種情報提供用データの収集や道路利用状況の把握を目的に設置されるもので、交通量、速度、時間占有率等の収集を行う。
CCTV	現地状況確認の補助的手段として活用し、災害等発生時、初動体制確立のための状況把握に活用する。
地震計	気象庁及び自治体が観測している地震データを取得し、迅速かつ的確な初動体制の確立するための判断要素とする。また、震災後被害想定を整理する場合においても、気象庁及び自治体の地震情報の活用が有効となる。
路面冠水検知器	路面冠水の発生を検知し、迅速で的確な初動体制を確立するための判断要素とする。また、冠水のおそれのある状況も事前に把握する必要があるため、アンダーパス部、周辺の側溝や河川等の水深データを収集する。

なお、各道路情報収集装置で収集した観測データを基に、それぞれの事象に沿った迅速な初動体制を確立するためには、必要に応じて「4－4　道路の監視」に準じた体制を整えて監視を行うことが望ましい。また、データ収集には、国土交通省で開発されたテレメータシステム※1が国内外で広く利用されている。

(2) 民間等との連絡協定

道路情報の収集には、運送関係のドライバー等の道路利用者や道路沿線企業等からの情報提供を受けることで、広範囲に情報収集が行えるとともに、道路で生じた異状（事故・災害等）に対しても情報収集を行うことで、迅速な対応に繋げることができる。このためには、トラック協会、タクシー協会、バス会社、郵便局、警備会社、コンビニ等と道路情報の連絡に関する協力体制を確保することも有効である。

また、隣接する関係機関等の連絡体制についても留意する必要がある。

表4-3 (1)　民間等との連絡協定（国土交通省の取組事例）

取組名称	取　組　内　容
ROADパートナー	国道を利用中に「道路に穴が空いている」「ガードレールが壊れている」といった道路の異状を発見した場合、当該国道を管理している国道事務所にボランティアで連絡する方の総称。 国道利用頻度が高い企業、団体の方が「ROADパートナー」になり、道路に関する異状時の情報を的確かつ迅速に提供している。
ロード・セーフティステーション	道路利用者からの情報を的確に把握するため、24時間営業で国道の要所要所に点在しているコンビニエンスストア等が情報拠点（取り次ぎ先）となり、道路利用者からコンビニエンスストア等にもたらされる道路の異状等の情報を国道事務所に連絡する取組。 コンビニエンスストア等の活動は、ボランティアとして行なわれ、この活動をするコンビニエンスストア等の総称を「ロード・セーフティステーション」という。

※1　遠隔地にある観測設備の計測データを無人で収集するシステムで、データ収集の省力化や迅速化を図り、効率的かつ効果的な公物管理に役立つ。

表 4-3 (2)　民間等との連絡協定（国土交通省の取組事例）

取組名称	取　組　内　容
道路協力団体制度	道路協力団体制度とは、道路における身近な課題の解消や道路利用者のニーズへのきめ細やかな対応などの業務に自発的に取り組む民間団体等を支援するものであり、これらの団体を道路協力団体として指定し、道路管理者と連携して業務を行う団体として法律上位置づけることにより、自発的な業務への取組を促進し、地域の実情に応じた道路管理の充実を図ろうとするもの。 道路協力団体の業務内容の一部は以下の通り。（道路法第四十八条の二十一） 道路の管理に関する情報又は資料を収集し、及び提供すること。（例：道路の不具合箇所、不法占用物件等の発見及び道路管理者への通報）
道路の通行障害・損傷等の情報提供に関する覚書	各トラック協会等と道路の通行障害・損傷等の情報提供に関して覚書を締結しているもので、従業員等が車両運行中に発見した道路の通行障害・損傷等に関する情報提供を受けることにより、道路を常時良好な状態に維持し、安全を確保することを目的としたもの。

(3)　一般からの情報提供

民間との連携協定と同様に、道路情報を広範囲に収集し、迅速な対応に繋げるためには、沿道住民や一般道路利用者の協力を得て情報収集を行うことも有効である。この例を**表 4-4** に示す。

情報収集の手段としては、電話による連絡やインターネット回線に接続できる携帯情報端末を用いて、道路利用者が道路異状を現地から位置情報と写真を付して通報できる方法等が挙げられる。

実施に際しては、地域の事情や道路管理者の通信環境などを勘案のうえ、適切な手法を選択することが望ましい。

また、スマートフォン等を活用し、道路情報を一般の方からの協力を得て、平時及び災害発生時に道路情報を登録・閲覧できるシステムを導入している道路管理者もある。（参考資料 8 参照）

さらに、一般の方が道路異状箇所の特定を容易にするため、**写真 4-11** のような地点標を設置し位置表示をしておくとよい（第 7 章 7 − 1 参照）。

表 4-4　一般からの情報提供（国土交通省の取組事例）

取組名称	取　組　内　容
道路緊急ダイヤル（# 9910）	一般の道路利用者が幹線道路の異状を発見した場合に、道路管理者へ直接通報する窓口として 24 時間開設しているダイヤルのこと。 道路利用者が幹線道路の異状等を発見した場合に、直接道路管理者に緊急通報できるようにするとともに、それを受けた道路管理者は迅速に道路の異状への対応を図ることによって、安全を確保する。 緊急通報は、道路の穴ぼこ、路肩の崩壊などの道路損傷、落下物や路面の汚れなど道路の異状を対象としている。
道路情報モニター制度（**写真 4-12**）	沿道住民や、道路利用者の協力を得て官民が一体となって道路の情報を確保する趣旨で設けられており、道路交通の安全の確保を図るため、落石や道路標識の破損等道路を安全に通行する際に支障となる事象を道路利用者からモニターへ、モニターから道路管理者へ通報等を行うものである。

写真 4-11　地点標設置事例（奈良県）

写真 4-12　道路情報連絡所

4－4　道路の監視

(1) 監視の目的

道路情報の収集の一つの方法として、局所的な構造物等の変状をより詳細に把握すること等に重点をおいた「監視」を行うことがある。道路管理における監視は、大きく分けて「通常の維持管理の中で実施するもの」と、「災害時等の緊急対応時において実施するもの」の２種類がある。この節では、災害等の事象が発生あるいは発生のおそれがある場合、通行の安全を確保するために道路の通行止め等の判断をする必要性から変状等の進行状況等様々な情報を早期に発見、把握するための監視について示す。これに該当する代表的な監視の対象の事例としては、落石･崩壊、岩盤崩壊、地すべり、雪崩、土石流、盛土の変状、擁壁の変状、橋梁基礎等の洗掘がある。

(2) 監視の計画及び実施

監視の計画及び実施にあたっては下記の事項に留意する。

ｉ）監視を実施するにあたっては監視体制、頻度及び監視箇所及び監視基準についてあらかじめ決定して実施することが望ましい。

ⅱ）監視実施中に異常が認められた場合の想定される措置内容について、監視方法を決定する際に決めておく必要がある。

ⅲ）災害等の発生の危険があり第三者被害が想定される場合には、関係自治体等に通報し、速やかに避難させるなどの必要な措置をとる。

(3) 監視方法

監視は、監視の目的に応じて必要な情報が得られるように、適切な方法で行う必要がある。

監視の方法としては、変状の進行を把握する変位・伸縮計等の計器類や状況を監視するための監視カメラ（CCTV 等）を活用する方法（**写真 4-13**）等、主に機器等を用いて構造物等の変状の状況等の情報を収集することが多いが、監視できる範囲や把握可能な事象の内容と程度など使用する機器の特性を十分に考慮し、道路管理者が通行止め等の判断を行うために必要な情報を得ることが可能かを検討し導入する必要がある。また、監視方法の選定にあたっては、現地の状況も踏まえて作業者の安全性を確保ができる方法を選定することも重要である。

監視で取得した情報は、あらかじめ設定した監視基準と照らし合わせて通行止め等の判断材料とする。監視基準は、監視の目的に応じて、事象の重大性や変状の程度等を考慮して時間単位や日単位などで定めておく必要がある。

また、通行止め等の実施に際しては様々な関係機関との調整等も必要となるため、監視方法の検討にあたっては、事象の重要性も踏まえ迅速に情報収集ができる方法を選定することが望ましい。近年、高精度の３次元地形情報等を活用するなど、先進的な手法も多く開発されているところである。ICT（Information and Communication Technology：情報通信技術）の活用により、監視の効率化を図ることも可能であり、監視の方法を検討する際にはその後の作業（災害査定や復旧工事等）も踏まえてICT の活用を検討することが重要である。

写真 4-13　CCTV による監視の例（降雨によるのり面崩壊状況）

第５章　道路に関する情報の提供

５－１　道路に関する情報提供の目的

道路に関する情報（通行規制､道路気象等）に対する道路利用者のニーズは、ますます多様化・高度化している。最近ではインターネットの普及や端末の普及により、リアルタイムの情報が求められており、道路利用者に積極的に道路に関する情報を提供する必要性が高まってきている。

５－２　道路情報の提供方法

道路管理者は、道路利用者が安全で快適に目的地に到達できるように、リアルタイムな情報の提供が必要で、道路状況に関する情報を適切に収集把握し、これを道路情報表示装置やインターネット等により直接提供する。その他に(公財）日本道路交通情報センター※1、(一財）道路交通情報通信システムセンター※2などを通じて間接に道路に関する情報を道路利用者に伝達している。

５－３　道路情報提供装置

道路利用者への情報の提供を目的とした装置を道路情報提供装置と総称し、それぞれ整理したものを**表 5-1** に示す。また、インターネットでは、主に「道

※１：道路交通情報をラジオ、テレビ等を通じ、あるいは直接の問合せに対する回答によって、道路利用者に提供する目的で設立されている機関。
※２：道路交通情報をデジタル情報として体系的に収集､処理､編集し､通信･放送メディアを用いて車載装置に送信する道路交通情報システムの開発及び運用を行い、ドライバーに的確な情報を提供している機関。

路情報提供システム」として、規制や工事のお知らせ、気象やこれに伴い生じた道路関連情報（路面凍結など）の提供を行っている。さらに、一部地域ではCCTV 画像によって道路の情報も提供している。

表 5-1　道路情報提供装置の種類と情報提供内容

提供装置の種類	情報提供内容
道路情報板（補助情報板） （**写真 5-1**）	・通行規制情報 ・路面状況情報 ・気象情報 ・津波情報
気象情報板	・気象情報 （気温、風速データ等）
冠水情報板	・路面状況情報
VICS ETC 2.0	・渋滞情報 ・所要時間 ・通行障害情報 ・通行規制情報 ・駐車場情報
道の駅情報提供装置 インターネット	・通行規制情報 ・路面状況情報 ・CCTV 画像情報　等

写真 5-1　道路情報板での通行規制情報の提供

第６章　異常気象時等の対応

６－１　気象情報の把握

我が国は、世界でも有数の多種多様な自然災害に見舞われる国土にあり、地球温暖化の影響との関連が指摘される大雨の頻度の増加など、自然条件の変化に伴う災害リスクの拡大が懸念されている（**図 6-1**）。

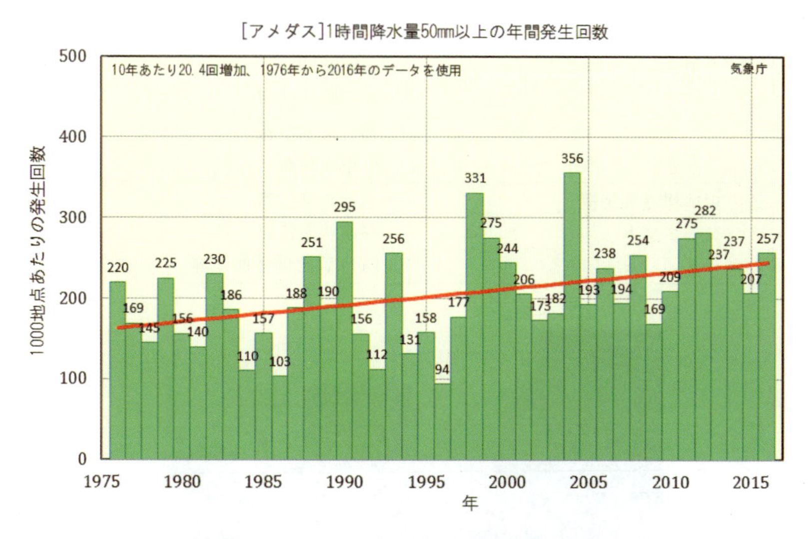

図 6-1　1 時間降水量 50 mm 以上の年間発生回数（気象庁 HP より）

このうち大雨、大雪、強風、突風、波浪、濃霧等は、気象庁等の提供する気象情報から、実況･予報･注意すべき箇所などかなりの部分を知ることができる。

近年のゲリラ的な降雨・降雪による災害の多発を鑑み、局所的な気象事象の予測の重要性が高まってきている。一定の気象データは気象庁等が幅広く提供しているが、局所的な事象の予測には対応していないことが多い。

局所的な気象事象の予測として、気象庁では、土壌雨量指数等の科学的根拠に基づき、大雨・洪水に係る警報・特別警報の改善や浸水害等の危険度分布の提供を開始している。今後、この指数等をどのように道路管理に活用させていくのかが課題である。

例えば、地方整備局等では、気象予報機関から得られる気象モデル解析の結果から、自ら管理する道路の局所的な降雨・降雪・気温などを道路管理に活用している。

このような気象に関する情報は、事前通行規制や除雪の開始時期の判断等をはじめとして、円滑な道路交通の確保や想定される災害を最小限に留めるための備えを道路管理者が円滑かつ確実に行ううえで重要である。したがって、道路管理者は、日頃から、気象庁などが提供する注意報・警報発令のほか、天気図や気温、風速などの気象データとその見方を習得し、実際の維持管理に反映し、経験を積み重ねることが大切である。

６－２　異常気象等（事象）

この章で対象とする異常気象等とは、台風、大雨、大雪、地震（津波）、噴火、高潮、波浪、竜巻のような天然現象由来の事象のほか、大規模な交通事故、火災、その他これらに準じる事象を対象とする。

６－３　道路管理者の災害対策の体制

(1) 災害対策の組織と体制

「災害対策基本法」(昭和 36 年 11 月 15 日制定) (以下､「災対法」) において、各指定行政機関は、防災業務計画を作成することになっており、道路管理者も異常気象時等において交通の危険を防止するため、あらかじめ組織、体制を整えておく必要がある。

また、平成 26 年 11 月の災対法の改正では、大規模な災害発生時における道路管理者による放置車両･立ち往生車両等の移動に関する規定が盛り込まれた。

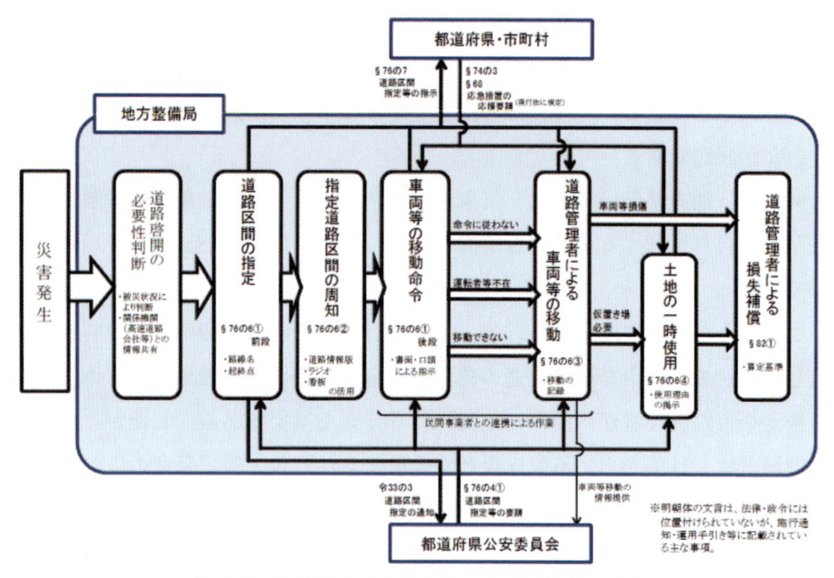

図 6-2　災害対策基本法に基づく車両移動の流れ

なお、国土交通省道路局では、迅速な初動対応を行うための連絡・連携体制の整備、資機材の確保等の事前準備だけでなく、道路啓開計画の策定や実動訓練でも活用できるよう「災害対策基本法に基づく車両移動に関する運用の手引き」（平成 26 年 11 月）を公表しており、災害対策の組織と体制を構築する際にはこれが参考となる。

1）道路管理者の災害対策における組織

道路災害に対処するためは、あらかじめ組織を整え、それぞれの役割を定めておく必要がある。国土交通省の地方整備局に災害対策本部が設けられた場合の組織と各組織における主な業務の標準的な例を**図 6-3**、**表 6-1** に示す。

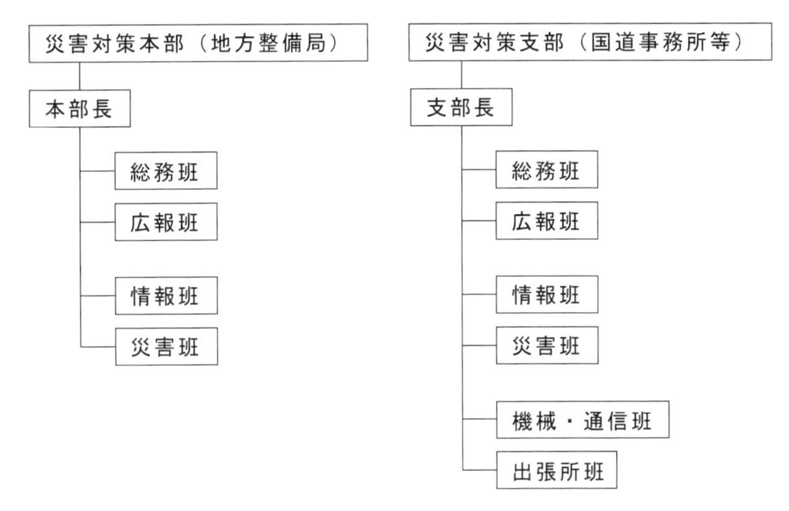

図 6-3　国土交通省地方整備局における組織体制の標準的な例

表 6-1　国土交通省地方整備局における災害対策支部の組織の標準的な例

総務班	職員・家族の安否確認、庁舎の被災・異状確認、仮眠・休憩設備の確保、健康管理、物資・食料の調達・補給・配給　など
広報班	記者発表資料の作成、事務所記者発表の調整、報道機関対応
情報班	道路情報の収集、関係機関との情報共有、気象情報の収集・整理、迂回路情報の収集、協定団体への協力要請、緊急輸送路の調整、災害概要資料作成　など
災害班	被災状況把握、被災内容の原因調査、二次災害防止に関する把握、応急復旧工法の検討、応急復旧資材の調達、応急復旧進捗の把握　など
機械・通信班	災害対策車両等の運営・配備、機械応援の調整、電気・通信機器の機能確保　など
出張所班	気象・交通状況の情報取集・整理、災害発生情報の収集・整理、交通処理状況の情報収集、交通規制・迂回路の指示・指導、警察署等関係機関との連絡調整　など

このような組織は、それぞれの機関において規定されている。日常から、道路管理者の役割等について認識して、災害の発生を受けて体制が発動された際には、速やかに活動できるようにしておくことが重要である。この

ほか、緊急災害対策派遣隊（TEC-FORCE）※1の派遣や受入をする場合、地方整備局管内で大規模災害が発生し地方公共団体等の支援が想定される場合などには、応援対策本部を設置している。

2）道路災害対策における体制

異常気象等により、災害が発生しまたは発生するおそれがある場合は、その状況によりあらかじめ体制を定めておくとよい。

体制の区分及び名称については、必ずしも統一的なものはないが、3段階の区分を行った場合の体制の例を示す（**表6-2**）。

表6-2　道路災害対策における体制の例

i）注意体制	異常気象等により、災害等の発生が予測される場合にとる体制であり、状況に応じ連絡等の措置をとるとともに必要に応じ人員、資材等を招集できるよう本部・支部に連絡要員を置く。
ii）警戒体制	気象状況等がさらに悪化し、災害等の発生の危険度が増し、または現に局部的な災害が発生し、あるいはそれらの理由により交通の支障等が生じている場合にとる体制であり、本部･支部に所要の職員を配置し、それらの職員の指揮にあたる責任者を常駐させる。また、必要に応じ現地や関係機関にも人員、資材等を配置し状況の変化に即応できる体制をとる。
iii）非常体制	現に重大な災害または交通の支障等が発生している場合にとる体制であり、組織全体でこれに対処するとともに必要に応じ各方面にも応援を依頼する。また、このため本部・支部には各組織を統括する責任者が常駐し指揮にあたる。

大規模広域災害発生時には、各道路管理者が単独で対応することは難しく、あらゆる組織の垣根を越えた連携が不可欠となる。そのため、日頃から工事等を請負う建設会社等と災害支援協定を締結するとともに、自治体間における災害時等の広域応援に関する協定など、あらかじめ体制を整え

※1　国土交通省が平成20年に創設したもので、大規模自然災害が発生または発生するおそれが生じた場合，いち早く被災地へ出向き，被災自治体等を支援するもの。被災自治体などからの支援ニーズを把握し，二次災害の防止や円滑かつ迅速な応急復旧のための被災状況調査や災害対策用機械による応急対策及び技術的助言等を行う。

ておくことが大切である。

国土交通省では、各自治体に対して災害対策支援を実施するためには積極的な情報収集・提供が重要であると位置づけ、被災自治体等の関係機関に対して災害対策現地情報連絡員（リエゾン）※2を派遣している。現地情報連絡員は、地方整備局の災害対策本部と被災自治体の災害対策本部の間で、情報収集、情報提供、TEC-FORCE や災害対策機械（排水ポンプ車等）派遣調整のほか自治体のニーズを的確に把握し、災害対応に追われる自治体職員に代わって多様な支援機関との調整を実施するなどの役割を担う。

(2) 情報の収集と提供

異常気象時に巡視などで直接得られる情報だけでなく、あらゆる手段を活用して情報を収集する必要がある。また、収集で得られた情報から、体制をとる場合や規制情報などを広く道路利用者に提供する必要がある。

1）情報の収集

異常気象時に気象や被災、交通などの状況を正確に把握することは応急復旧や迂回路設定などの検討に必要な基礎情報を得るだけでなく、道路利用者に正確な情報を発信するうえで大変重要である。

2）情報の提供

道路利用者に提供する情報には、危険や混雑回避のため不要不急の外出を控えさせるなど利用抑制情報、通行止め・迂回路などの経路選択情報、交通開放の見通しなどの安心情報などがある。提供する情報と媒体の例を**表 6-3** に示す。即時性のある情報提供方法として SNS の活用も行うとよい。

※2　Liaison：「つなぐ」という意味のフランス語。

表6-3　提供する情報と媒体の例

	提供する情報	広報媒体等
利用抑制情報 （主に住民）	・気象概況と今後の見通し ・注意事項の周知（不要不急の出控え、過去の被災事例等） ・道路管理者の取組状況	新聞、SNS、ホームページ、テレビ、ラジオなど
経路選択情報 （主に道路利用者）	・通行止めの期間、範囲と迂回路 ・通行可能位置（通れるマップ等）の提供 ※自動車メーカーや検索サイト、国土交通省のETC2.0等に基づくプローブ情報	日本道路交通情報センター、道路情報表示装置、路側放送、VICS、エリアメールや緊急速報メール等、SNS、ホームページ、テレビ、ラジオなど
安心情報 （住民及び道路利用者）	・気象概況と今後の見通し ・通行止め解除の見通し ・復旧工事などの進捗状況	道の駅情報提供装置、道路情報表示装置、路側放送、エリアメールや緊急速報メール等、SNS、ホームページ、テレビ、ラジオなど

気象庁は、平成25年8月から、警報の発表基準をはるかに超える数十年に一度の大災害が起こると予想される場合に大雨・暴風・大雪などの「特別警報」を発表し、対象地域の住民に対して最大限の警戒を呼びかけている。各道路管理者においても、特別警報発令やそれに準じる状況が確認された場合には、速やかに地域住民等に対して不要不急の外出を控える呼びかけ（利用抑制情報）などが重要である。

経路選択情報などは、管理区間を超えた広域に広報することが効果的なので、あらかじめ関係機関が連携し体制構築を図るとともに、緊急時にも速やかに対応できるように、あらかじめ定型文等を共有しておくとよい。

(3) 通行規制

安全な道路交通を確保するため道路管理者は、異常気象時における道路通行規制の制度をとっている。

1）通行規制の種類

道路管理者は、道路交通の危険を防止するため道路法第四十六条第一項により道路の通行を禁止または制限することができる。この規定に基づき次の通行規制を実施している。

a）事前通行規制

事前通行規制とは、異常気象時において、土砂災害等が発生するおそれのある箇所を含む区間をあらかじめ指定し、道路および周辺の状況、気象の状況等から、災害発生がなくても雨量等が一定の基準値に達した場合に行う通行規制である。

b）特殊通行規制

特殊通行規制とは、異常気象時において、路面冠水、雪崩、融雪期の落石・地すべり、河川氾濫、視程障害、路上越波、強風、土石流など災害や交通障害が想定される箇所を含む区間をあらかじめ指定し、巡視等により、気象や現地の状況等から判断して危険が予想される時に行う通行規制である。

c）その他の通行規制

規制区間外において、巡視等により危険が予想される場合、a）の規制区間内において気象状況等が基準値に達しなくても、危険が予想される場合、複合的な要因による事故や災害の危険性が予想される場合に実施する通行規制である。

通行規制にあたっては、道路法第七十一条第四項の規定により、道路管理者はあらかじめ道路監理員を任命しておく必要がある。

2）通行規制区間の指定等

a）通行規制区間の指定

通行規制区間は次の事項を考慮して定めるとよい。

ⅰ）規制区間の起終点は、自動車の駐車・転回等が安全にできるスペースがあり、規制措置が迅速に実施できる場所にする。

ⅱ）規制区間は、交差道路、沿道集落・事業所等を考慮してできるだけ危険箇所の近くに設定し、必要以上に長くとらない。

ⅲ）県境等で道路管理者が異なる場所で規制区間を設定する場合には、両者が調整して一連の区間として設定することが望ましい。

b）規制基準

通行規制基準は、過去の気象状況、災害の記録等を参考にし、次の事項に留意して定めるとよい。なお、危険箇所が二以上の道路管理者にまたがる場合は、あらかじめ関係道路管理者と調整を図っておくことが必要である。

i）雨に起因する事前通行規制の基準は、通常は連続雨量で定めるが、そのほか24時間雨量、時間雨量を組み合わせる場合もある。

近年、雨の降り方が局地化、集中化しており（**図6-1**参照）、こうした気象変化から、突然の大雨により土砂災害等が発生し、道路が通行止めになるなど、従来はあまり見られなかった形態の災害が増加している。これに対応するために、国土交通省では平成27年6月以降、時間雨量を取り入れた規制基準の試行を開始するなど、災害補足率の向上等の取組を進めている（**図6-4**）。

ii）特殊通行規制は、路面冠水、雪崩、融雪期の落石・地すべり、河川氾濫、視程障害、路上越波、強風、土石流など現地で事象発生を確認したうえで通行止めを実施する。

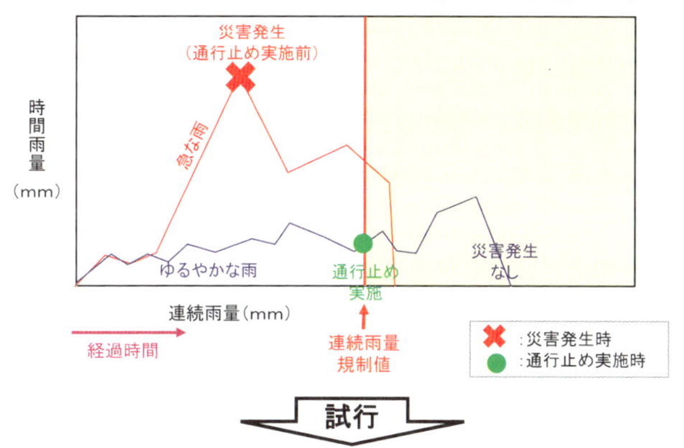

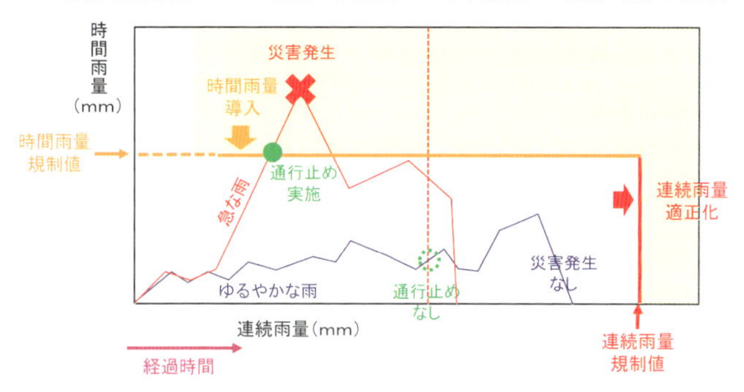

図 6-4　時間雨量を取り入れた規制基準のイメージ

3）通行規制の実施

a）通行規制の実施体制の整備

i）道路標識等の設置

通行規制を実施する場合は、規制区間の起終点等の所定の場所に法定の道路標識（301）を設置するとともに、通行規制の区間、期間、理由等を記載した標示板を設置する。また、必要に応じて、バリケード、赤色灯等を設置し遮断する措置をとるとよい。なお、近年では、規制区間の起終点等の現地に行かずに遠隔操作により規制開始するところもある。

ii）緊急車両等の取り扱い

事前通行規制は、交通の危険が予想される場合に実施するものであり、緊急車両であっても原則として一般道路利用者と同等に取り扱う必要がある。

iii）道路利用者及び沿道集落・事業所への広報

事前通行規制は、道路災害等が発生する前から行われることから、規制開始時点では物理的には通行可能な場合が多く、そのため道路利用者から通行を求められ、トラブルが生じることが多い。トラブルを防止するためにも、道路管理者は道路利用者及び沿道集落・事業所の協力が得られるよう事前通行規制の必要性を周知するとともに、通行規制の実施状況を情報表示装置やホームページ、路側ラジオ、SNS等も活用し広報するとよい。

b）通行規制の解除

通行規制を解除する際には、次の事項に留意し、安全を確認した後に行う。

i）あらかじめ定めた規制解除基準を満たすとともに、気象情報等により、引き続き危険を及ぼす降雨等がないと予想されることを確認する。

ii）異常時巡視を実施し異状のないことを確認する。

iii）解除にあたっては関係機関にその旨を連絡する。

iv）解除した後も必要に応じて情報表示装置の表示を「通行注意」等にしておくことが望ましい。

この解除の留意事項については、(3) 1) b) 特殊通行規制及び c) その他の通行規制を解除する際の参考にするとよい。

６－４　雪氷期間の体制

ここでは、積雪寒冷特別地域における道路交通の確保に関する特別措置法（昭和31年4月14日法律第72号）に基づく積雪寒冷特別地域を主な対象として、雪氷期間の異常降雪時に道路管理者が備えておくとよい事項について示す。なお、平時に維持作業の一環として行われる除雪等の体制については、第7章を参照されたい。

(1) 事前準備

異常降雪に備え準備しておくとよい事項を列記すると次のとおりである。

1）降雪状況を適切に把握する体制の構築

2）資機材の適切な配置及び災害時における協定等の体制整備

3）登坂不能等の実績から優先的に除雪を実施する除雪優先区間の設定

4）異常降雪を想定した行動計画（タイムライン）の導入と訓練実施

5）他地域からの除排雪作業支援体制の整備

6）大雪時にドライバーへの不要不急の外出を控えるよう呼びかける広報

7）関係機関が連携して情報共有を図る情報連絡本部の設置

このほか、GPSを活用した除雪車の位置情報を取得できるようにしておくと、除雪作業の進捗管理や除雪機械の適正配置に役立つほか、道路利用者への情報提供にも利用できる。

異常降雪を想定した行動計画を作成する場合は、降雪量や気温などの気象条件はもとより、道路構造、沿道状況、交通特性など地域によって条件が大きく異なることから、全国一律に設定することは難しく地域毎に実状を踏まえて作成するとよい。参考として国土交通省において作成している雪寒地域における異常降雪時の対応ポイントを例示する（**図6-5**）。

異常降雪を想定した

	気象・被害情報	本　省	地方整備局
2週～1週間前 第2段階 異常降雪が予想される段階	○大雪に関する異常天候早期警戒情報		○気象状況の確認 ○国道事務所への注意喚起、体制確認指示
3日～2日前	○大雪に関する気象情報（3日程度先までに大雪のおそれがある場合）	○気象状況の確認 ○地方整備局への注意喚起、体制確認指示	○災害協定等による除排雪資機材の調達を業者に予告
1日前	○大雪に関する気象情報（概ねの対象地域や予想降雪量を示して大雪になる可能性に言及）	○大雪に対する国土交通省緊急発表 ○地方整備局との連絡体制の確保	○管区・地方気象台と情報交換 ○大雪に対する国土交通省緊急発表の同時発表 ○リエゾン・TEC-FORECEの派遣に向けた情報連絡体制の確保
半日～数時間前	○大雪警報発令		○注意体制（発令基準による） ○当番職員参集 ○リエゾン派遣準備 ○支援（受援）の事前調整
6時間～5時間前 第3段階 区間指定を実施する段階 第4段階 ﾁｪｰﾝ指導（規制）を実施する段階	○さらに降雪が続く（強まる）予想		○災対法に基づく区間指定 ○警戒体制（発令基準による） ○関係機関へのリエゾン派遣
3時間前	○交通障害が発生する可能性がある状態		○関係機関との情報交換
1時間前 第5段階 並行する高速道路が通行止めとなった段階	○高速道路通行止め		
0時間 第6段階 直轄国道でｽﾀｯｸする車両が発生した段階	○直轄国道でスタック車両発生		
1時間～4時間後 第7段階 通行止めを実施する段階 第8段階 除雪作業、通行止めの段階	○直轄国道通行止め		○直轄国道通行止めに関する情報提供 ○高速道路無料化措置実施の判断
5時間後	○車両移動完了 ○集中除雪完了		○通行止め解除に関する情報提供
6時間後 第9段階 区間指定を廃止する段階	○大雪警報解除後		○災対法に基づく区間指定廃止 ○区間指定廃止に関する情報提供

図 6-5　異常降雪を想定したタイムラインの例

タイムライン［雪寒地域版］

国道事務所・出張所	高速道路会社	関係都道府県・市町村	警　察
○各種マニュアル類の再確認 ○対応人員の確保 （予定の確認・参集の予告） ○雪害対応物品の確認・準備 ○委託業者への予告 ○事務所・出張所での体制準備 ○除雪業者への体制確保指示			
○関係機関との事前調整	○国道事務所との事前調整	○国道事務所との事前調整	○国道事務所との事前調整
○注意体制（発令基準による） ○当番職員参集 ○情報収集体制の強化			
○情報連絡本部を開設し、エリアの道路状況の確認、対応策・情報提供の検討	○情報連絡本部を開設し、エリアの道路状況の確認、対応策・情報提供の検討	○情報連絡本部を開設し、エリアの道路状況の確認、対応策・情報提供の検討	○情報連絡本部を開設し、エリアの道路状況の確認、対応策・情報提供の検討
○チェーン指導必要人員の参集（警察への協力要請）			○チェーン規制必要人員の参集
○災対法に基づく区間指定の上申 ○警戒体制（発令基準による）			
○チェーン指導の実施			○チェーン規制の実施
○事務所職員（規制要員）の参集		○地方整備局からのリエゾン受入	
○隣接工区からの応援の要否の示唆 ○直轄国道通行止めのタイミングを意識 ○警察への協力（規制）要請 ○直轄国道通行止めの準備	○高速道路通行止めの可能性 ○国道事務所へ事前連絡		
○通行止め必要人員・資機材の移動開始			○通行止め必要人員・資機材の移動開始
○隣接工区からの応援を要請	○高速道路通行止め実施 ○高速道路集中除雪		
○スタック車両の対応			
○直轄国道通行止め			○直轄国道通行止め
○集中除雪 ○車両移動	○高速道路通行止め解除		
○高速道路無料化措置実施の判断	○高速道路無料化措置実施の判断		
○立ち往生車両への支援 ○通行止め解除の判断			
○通行止め解除			○直轄国道通行止め解除
○災対法に基づく区間指定廃止の上申			

（国土交通省　北陸雪害対策技術センター）

⑵ 体制

雪氷期間中は、異常降雪に対して即座に対応できるよう体制を確保する必要がある。これには、的確な気象予測に基づくオペレーターへの待機指示と、出遅れが生じないよういつでも作業着手できる除雪基地の適正配置が重要となる。

このほかにも、異常降雪による大規模な立ち往生発生の教訓から、特に留意すべき事項を列記すると次のとおりである。

1）早い段階の通行止めによる集中除雪の実施による迅速な交通確保

2）タイヤチェーン装着指導等の実施

3）道路利用者等に対する適時適切な情報提供

4）災対法第七十六条の六の規定を活用した立ち往生車両の移動等の措置

5）雪崩や融雪時ののり面崩落等の危険防止措置

6）関係機関等との連携体制の確保と訓練実施

いずれも、警察、道路管理者、気象台等の関係機関が緊密に連携して実施する必要があるため、日頃から関係構築に努めておくことが望ましい。

6－5　記録・保存

異常気象時には、後の災害査定や対策検討、関係機関への情報共有などのため、写真や録画等による記録・保存が重要になってくる場合がある。巡視の段階から意識して撮影し、整理しておくとよい。

このとき、災害対応等にあたる者とは別に記録のための人員配置することも検討する。

また、規模の大小にかかわらず、時系列で発生事象と対応を記録しておくと、後に初動対応、対策立案、応急復旧、所要時間などに係る反省点を明らかにし改善に役立てることができる。

災害規模が大きいと多くの人命が失われる場合があり、反省点を踏まえた再発防止や改善策、行動計画などを後生へ伝達していく必要がある。この観点から、災害発生の原因、初動対応や心構え、事前準備状況、応急復旧などの対応状況、報道結果等をとりまとめた記録誌を作成しておくとよい。

第7章　維持作業

7－1　一　　般

(1) 概説

維持作業は、その内容が多種多様であり、かつ一回の施工規模が小さい場合が多いことを考慮して、あらかじめ作業計画を立て、効率的に行う必要がある。

また、維持作業は一般に供用中の道路で行われるものであるから警察署との交通規制に関する協議、占用企業との調整、沿道住民や道路利用者に対する周知等について周到な準備と細心の注意を払う必要がある。

そのためにも、以下の諸点に対応できる体制を整える必要がある。

ｉ）計画的に実施する「舗装・除草・剪定・清掃等」の維持作業

ⅱ）上記以外で、異状の発生又はその可能性が予想される場合に通行の安全や円滑な通行機能確保に支障を来すと判断された際に、適宜適切に実施する「落下物の処置、除雪等」の維持作業

ここで示すｉ）は、例えば、舗装の軽微なひび割れのように、巡視で異状を発見しても直ちに通行の安全や円滑な通行機能に支障を来すまでにはならないものについて、計画的に改善を行っていくものが該当する。これに対してⅱ）は、異状の発生又はその可能性が予想される場合に直ちに対応をしないと通行の安全や円滑な通行機能の確保に支障を来たすものへの対応である。このような例として道路上の落下物処理があり、通行上から危険であるため速やかに回収等の撤去作業を行う必要がある（**写真 7-1**）。

写真 7-1　落下物回収の例

なお、災害その他突発的な事故による緊急復旧に対する実施体制についても準備しておくことが望ましい。

維持作業を行うにあたり、道路の異状への対処に適切な判断をするためには、経験の浅い者でも効率的かつ確実に実施できるよう、マニュアルやチェックリストの整備をはじめとした、作業体制の確立を図ることが望ましい。

(2)　維持作業を行ううえでの参考となる資料

道路の維持を適切に実施するために、常に道路現況を的確に把握しておくことが大切である。

道路法第二十八条に基づく法定の台帳に加えて、各道路施設に関する台帳または調書を順次整備しておくことが望ましい（参考資料 9 参照）。また、維持工事を実施した場合には、その内容を記録し、必要に応じその都度台帳等を修正するとよい。なお、これとは別に道路施設の改築を実施した場合には施工年度等を記載した銘板を当該施設に貼付しておくと便利である。

巡視等で得られた情報、構造物の点検補修履歴、異常気象時の道路災害状況等の記録についても整理、蓄積しておくことが望ましい。

また、調書は供用中に長期にわたって、維持作業・巡視・点検・修繕等の記録を加筆していく必要があることや、予防保全を効率的に実施するための判断等を行いやすくするために、できる限り様式の統一化や電子データ化を目指すことが望ましい。

(3) 必要な機械および諸施設

1）機械の種類と配置

維持作業の内容は非常に広範囲にわたっており、使用される機械の種類も多く、その作業の性格から建設工事用機械と異なった機能が要求されることがある。特に供用中の道路で作業を行うことが多いので、

i）安全性が高く、作業性のよいこと

ii）交通の障害にならないこと

iii）作業速度が速く、機動性のよいこと

iv）騒音、振動、悪臭等の周辺環境への影響が少ないこと

v）夜間の使用も可能なこと

等の機能が要求される。

さらに、ドローン技術等のICTに関する機械についても、技術開発の動向を踏まえつつ導入の検討を行うとよい。

2）諸施設

i）地点標の設置

道路の維持作業を行う際は路線上の地点を把握し道路異状時の通報をより正確かつ迅速に情報提供することが重要となる。そのために道路に地点標を設置し位置標示をしておくと現地での位置把握が容易である。

地点標は通常起点からの距離で表わされている。地点標については、**写真7-2**を参考に沿道状況に応じて、立柱式や埋込式等を適宜選択するとよい。また、GPS機能を持った通信端末によっても位置情報を把握できることから、道路管理者以外の一般住民からもGISによる位置情報を付した情報提供も可能となってきている。

キロメートル標（立柱式）

（埋込型）

（パネル式）

補完標（百メートル標）

写真 7-2　地点標の設置例

ⅱ）用地境界杭

用地境界杭は、道路用地界を明示するもので、道路管理者としての責任を明確にするうえできわめて重要な施設であるから、これが未設置または不足している場合には、適宜設置または補充する必要がある。用地境界杭は概ね**写真 7-3** に示す形状のものが多く用いられているが、杭の建込みの困難な箇所においては、金属性の鋲状のものを使用する場合もある。

写真 7-3　用地境界杭・境界鋲の設置例

(4) 地域住民との協働

道路管理者が主体的に行う道路の維持作業のほかに、地域住民との協働で行う取組がある。このような取組としては、国土交通省で行われている「ボランティア・サポート・プログラム」※1や「道路協力団体」のように、沿道の住民や企業が道路の美化清掃へ参加し、道路管理者と地域が協働で快適な道づくりを進める活動がある。

※1　ボランティア・サポート・プログラムとは、道路を慈しみ、住んでいるところをきれいにしたいという自然な気持ちを、形あるものにしようと考え出されたもの。「みち」をきれいにしようという活動を通じた、地域コミュニティの活性化も期待されている。

７－２　計画的に実施する維持作業

ここでは、維持作業のうち、計画的に実施する舗装・除草・剪定・清掃等の作業計画や実施の際に留意すべき点について示す。

(1) 作業計画

1）作業計画の立案

作業計画の立案にあたっては、舗装や構造物等の台帳および付属調書、過去の点検や維持修繕実績、交通量調査表、気象資料などの基礎資料を活用して、事業量に応じた計画を立案する。

2）年間計画および月間計画

i）年間計画

維持の年間計画を立案するときは事業量の適正な配分と工種に応じた適切な時期を考慮し、各種作業が集中することを避け、平準化を図るなどの配慮が必要である。

特に、交通量が増加する年末年始や連休・地域行事等の期間は、緊急工事を除き路上工事の抑制に努める必要がある。このような時期を示すものとしては、例えば路上抑制カレンダーあるが（参考資料10参照）、このようなものも参考に維持の年間計画を立案するとよい。

また、計画の際の具体的な留意事項としては次のようなものがある。

a）作業の時期を定める場合には、作業工種の特殊性、交通状況、沿道状況等を考慮し、最も効果的な時期を選定する。

b）使用機械、人員、資材の適正配置を図る。

c）地域の気象特性（気温、降雨、降雪等）に適応した計画をたてる。

d）舗装の維持は、年間を通して異状に対し早めに施工する。特に目地、ひび割れ、路面の凹凸は降雨、降雪の後に急激に破損を進行させる原因となる場合があるので、梅雨期、台風期、降雪期、融雪期の前に施工するよう計画するとよい（**写真 7-4、写真 7-5**）。また、ポットホールは、生じている箇所や大きさの程度によっては大規模な事故にもつながりかねないので、状態に応じて応急的に処理するなど臨機に対応する必要がある。

写真 7-4　ひび割れ処理の例

写真 7-5　ポットホール処理の例

e）除草は地域の気象条件や沿道条件等によって差があるが、一般には5月から11月の間で繁茂状況に応じて行うことが望ましい（**写真 7-6**）

写真 7-6　除草作業の例

f）植樹帯、街路樹等に関する作業は、時期を誤ると自然災害による倒木等の種々の問題が生じる。

剪定は樹種による生長速度の違いや樹木の配置等を踏まえ、適切な頻度を設定したうえで行うことが望ましい（**写真 7-7**）。

写真 7-7　剪定作業の例

g）路面清掃は、道路状況や沿道状況によって時期や方法が異なるので、これらを十分に調査分析した結果に基づき計画をたてる（**写真 7-8**）。

また、排水施設は降雨時に有効に機能しなければ、路面への溢流やのり面の崩壊を生じ、走行の安全性・快適性や沿道環境を阻害する原因ともなるので、清掃は適正な計画をたてる（**写真 7-9**）。

(a) 車道部

(b) 歩道部

写真 7-8　路面清掃作業の例

写真 7-9　排水施設の清掃の例

維持作業の年間計画の例を**表 7-1** に示す。

表 7-1　維持作業予定表例（年間）

種別	事項	摘要	4	5	6	7	8	9	10	11	12	1	2	3	備　考
舗装	応急修理	ポットホールの穴埋・ひび割れの充填	┄	┄	┄	┄	┄	┄	┄	┄	┄	┄	┄	┄	必要に応じて実施
除草		のり面等			━										
緑地帯	剪定	高中木、寄植				━	━				━	━			
	除草					━									
落下物処理		撤去・回収	┄	┄	┄	┄	┄	┄	┄	┄	┄	┄	┄	┄	必要に応じて実施
除雪		凍結防止策含									┄	┄	┄	┄	必要に応じて実施
清掃	路面		━		━		━		━		━		━		
	排水施設			━		━				━					

ii）月間計画

月間計画は年間計画を受けて日々の作業の割り振りをするものであり、次のような点に留意するとよい。

a）1ヶ月を通した適正な作業量の配分を行う。

b）工法、時期、時間帯の選定にあたっては、作業に伴って必要となる交通規制や他事業者との調整による条件（鉄道のき電停止時間など）、作業時の騒音振動等について考慮する。

c）特別な交通規制（年末規制、歩行者天国等）を考慮する。

d）近接する他工事との調整を図る。

e）工種に変更が生じた場合は速やかに計画の修正を行う。

(2) 作業の実施

維持作業を実施するときは、交通に与える障害をできるだけ少なくする必要がある。

1）作業実施の時間帯の設定

維持作業を行うには、交通の流れを把握し、作業箇所の延長、幅、作業に要する時間を検討したうえで、作業実施の時間帯を設定する。

維持作業の適切な作業時間は、工種によってそれぞれ違いがある。

時間帯の設定について留意すべき点を示す。

i）路面の維持

路面の破損が通行車両にとって障害となるなど緊急を要する場合には、速やかに応急修理を行う必要がある。

ii）路面清掃、側溝清掃

清掃作業は道路の両端部分または中央部分（分離帯がある場合）で行われ、また移動する作業であるので、一般には交通に与える障害は少ない。ただし、交通量の多い道路に関しては、ピーク時間帯を避けることが望ましい。

iii）除草、剪定

清掃作業と同様に、道路の両端部分または中央部分（緑地帯がある場合）で行われ、また移動する作業であるので、一般には交通に与える障害は少ない。ただし、交通量の多い道路に関しては、ピーク時間帯を避けることが望ましい。

2）標識および保安施設等

i）標識

作業現場には標識令で定められた標識「道路工事中」「指定方向外進行禁止」「通行止め」「徐行」「まわり道」等を設置するものとする。参考に**図 7-1**、**図 7-2** に標示例を示す。

なお、作業の工種内容により全面通行止めが必要で迂回路を設ける場合は、当該迂回路を必要とする時間中、迂回路の入口に標示板を設置し、迂回路の途中の各交差点（迷い込むおそれのない小分岐点を除く）に道路標識「まわり道」を設置するとよい。

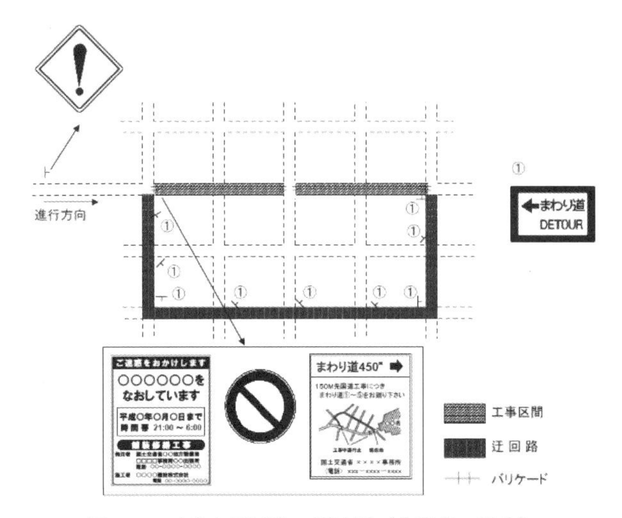

図 7-1　工事中迂回路の標示例（市街部の場合）
（進行方向に対する標識の設置例を示す）

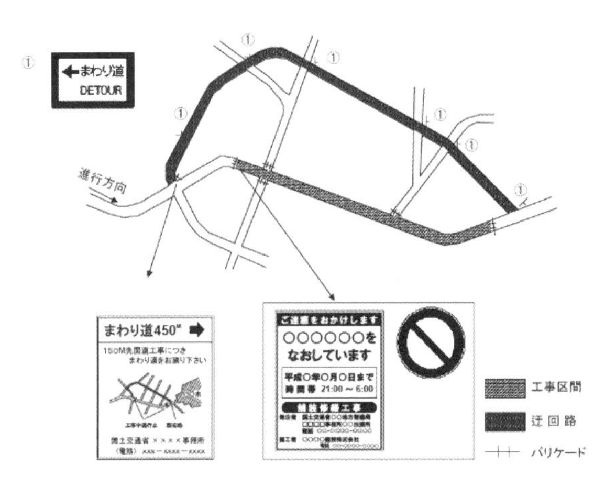

図 7-2　工事中迂回路の標示例（地方部の場合）
（進行方向に対する標識の設置例を示す）

ii）保安施設

維持作業は、通常供用中の道路で行われるため、実施にあたっては、作業員の安全について十分留意する必要がある。

作業を行う場所の周辺には、各種の保安施設を設置する。その設置方法は、作業工種、現場の状況に応じた選定をするとよい。参考に**図 7-3**に一般国道（指定区間）の維持工事で実施されている保安施設の標示例を示す。

夜間作業の場合には、標識等が遠方から視認できるように必要に応じ内照式または反射式の標識などを使用し、さらに現場内は照明を行うとよい。

なお、清掃作業のような移動する作業の場合の保安施設（作業車等に装着する標識等を含む）についても、通行車両による追突事故等が起こらぬよう配慮する必要がある。

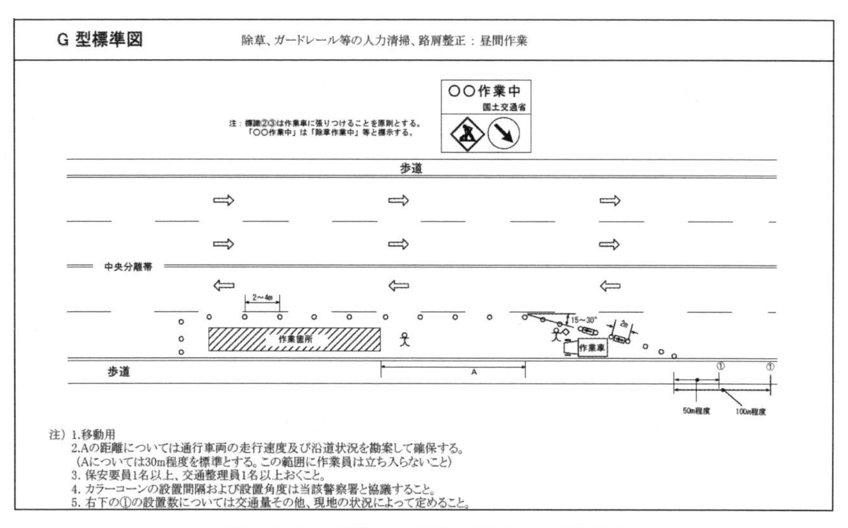

図 7-3(1)　車道の一部分が作業中の標示例
（除草・清掃作業の場合）

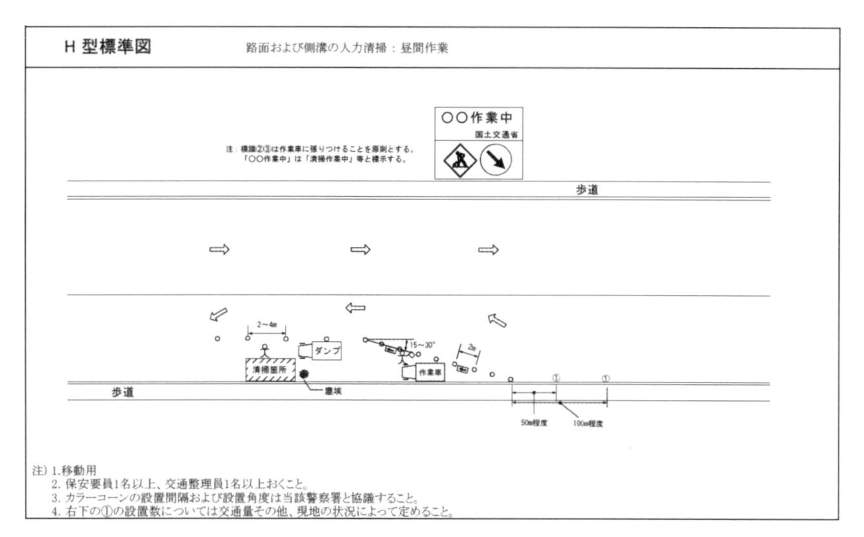

図 7-3(2)　車道の一部分が作業中の標示例
（除草・清掃作業の場合）

3）所轄警察署との協議

道路において維持作業を行おうとするときは、道路交通法第八十条により所轄警察署長に協議することとなる。

交通規制については所轄警察署と十分に打合せ、年末年始や、地域行事等特別な規制がある場合の取扱いも定めておく必要がある。

なお、迂回路を設ける場合は、所轄警察署をはじめ迂回道路管理者と協議を行う必要がある。

4）地下占用物件についての道路占用者との調整

地下占用物件に支障を来すおそれのある維持作業を道路管理者が行う場合には、工事着手前に地下占用物件の調査を行い、影響を受けるものについて道路占用者と調整する必要がある。

また、地下占用物件に近接して作業を行う場合には、当該物件の機能等に支障を来さないように注意し、地下占用物件の防護が必要な場合には当該物件の道路占用者と協議立合のうえ所定の措置をとる。

5）一般通行者および沿道住民に対する周知

沿道住民に騒音、振動で影響を及ぼす作業（路面補修等）については工事着手前に、工事の目的、方法、作業時間、期間等を現地に掲示し、理解と協力を得ることが必要である。

また、工事現場周辺地域に対して、道路工事がなぜ行われていて、どのような内容なのか、いつ終わるのかを分かりやすく周知するために、工事を開始する前に、予定されている工事情報を標示した工事情報看板を設置し、維持作業期間中は、工事内容と工事期間等を標示した工事説明看板を設置するとよい。参考に**図 7-4** に標示例を示す。

なお、道路を切回す場合は、必要に応じ（公財）日本道路交通情報センター等を利用した情報の発信や、看板、チラシやインターネット等による周知を、道路利用者と沿道住民に対し実施し、混乱を起こさないようにすることが肝要である。

図 7-4　工事情報看板、工事説明看板

6）沿道環境への配慮

作業に伴う騒音、振動等に対して沿道の生活環境を保全するために、作業の実施にあたっては、「建設工事に伴う騒音振動対策技術指針」により

工法および時間帯を検討し、使用機械については、騒音対策を考慮した機種を選定するとよい。

また、作業の実施にあたっては、「騒音規制法」「振動規制法」「建設工事公衆災害防止対策要綱」「土木工事安全施工技術指針」等に基づき、交通に与える障害、騒音、振動を最小限に抑えるようにする。

なお、騒音規制法ならびに振動規制法にいう指定地域内で特定建設作業（各々の政令に定めてある）を施工するときは、市町村長に届出なければならない。

7）作業担当者との打合せ

作業を監督する者は、作業実施前に作業の詳細について作業担当者（現場代理人や監理技術者を含む）と打合せを行い、作業が円滑に実施されるように努める。

8）作業の指示

作業を監督する者は、作業担当者を通じて当日の作業内容を作業員に熟知させ、危険防止を図り、また突発的な災害、事故に対しては臨機な措置がとれるよう適切な指示を行うことが重要である。

9）作業員の危険防止

作業中は交通誘導警備員を置き誘導にあたる。

夜間作業を行う場合には必要な照明を行い、一般車両および現場で稼働する作業車などからも作業員の安全を図る。

作業員は、作業に適した服装、履物、ヘルメット等を着用する必要がある。

10）現場内の整理

材料は、現場内の所定の位置に仮置きするとともに、作業終了後は跡片付けを行い必要に応じ路面の清掃をする。

7－3　除雪作業

ここでは、維持作業のうち、平時の除雪作業における作業計画や実施について特に留意する必要がある点について示す。

(1)　作業計画

除雪作業を円滑に行うためには、あらかじめ除雪目標を設定し、これに応じた組織体制、情報連絡体制、道路除雪体制を確立しておく必要がある。除雪目標は、路線の重要性、道路構造、沿道条件、代替路線の有無、降雪量、積雪深、気温等の気象条件を勘案し、**表 7-2** を参考に道路除雪計画として事前に整備しておく必要がある。

表 7-2　道路除雪計画立案で考慮すべき項目の例

組織体制の確立	本部・支部設置基準、雪害体制発令基準、雪害対策組織図、各班の所掌事務、体制区分別人員表、本部長等の代行順位表、災害時の情報連絡系統　など
情報連絡体制	勤務時間内及び勤務時間外の連絡系統図
道路除雪体制	除雪計画路線、除雪ステーション設置箇所及び工区区分、歩道除雪箇所、消融雪施設設置箇所、除雪機械配置、除雪・凍結防止剤散布・情報連絡体制、関係機関との連携協力　など

(2)　作業の実施

1）作業の時間帯の設定

除雪作業は、常に変化する気象状況をいち早くとらえ、迅速、適切に処置していかなければならない。気象の動向把握に努めるとともに、降雪状況によって道路交通にどのような影響を与えるかを常に考えておくことが必要である。特に交通量の増加する通勤時間帯、路面凍結等の発生しやすい夜間には、出遅れが生じないよう注意が必要である。

2）除雪作業の留意点

除雪作業を効率的かつ経済的に行うには、その地域の沿道状況や気象、交通特性、道路構造を十分に把握し、降雪量及び積雪量と気象状況により変化する雪質に適した除雪機械の組み合わせが重要である。

除雪にあたって沿道状況、交通特性、道路構造の観点から、次の点に留意する必要がある。

a）多車線道路の除雪

交通量が多く走行速度も高いため迅速性が求められる。梯団（除雪車数台での組み合わせ）で除雪を行うことから、車道に雪が残らないように除雪幅を重ねて実施する。走行車両の追い越しを防止するために後方に標識車等を配置するとともに渋滞状況を常に把握する必要がある。

b）立体交差点の除雪

立体交差点は、構造が複雑であるため除雪が困難になるが、円滑な交通確保のためには重要な箇所である。機動性の優れた除雪機械の配置や本線とは別の専用班の配置を検討する。この場合、本線とランプ部で段差が発生しないよう除雪時期を合わせる。複雑な除雪となるため、あらかじめ作業手順を定め作業者に周知させておく必要がある。本線近くにランプや側道がある場合には、プラウ等からの飛雪による通行障害にも注意が必要である。

c）平面交差点の除雪

平面交差点は、信号機や従道路からの通行車両の進入があるので、本線除雪同様迅速な作業が求められる。作業は一度に処理することを原則に、右左折レーンがある区間には、広い除雪幅を確保できる機械を配置するなど梯団を崩さないように工夫する必要がある。後方車両の渋滞にも十分配慮する必要がある。

d）幅員の狭い道路の除雪

住宅地域を通る幅員の狭い道路で、民家が道路に面しかつ堆雪幅も狭い場合、安全のため除雪速度を落とす必要がある。そのため早期除雪に遅れが生じ厚い圧雪路面になることがあるので、通常の除雪作業とは別に手当を検討する必要がある。また、道路幅員の確保のため早期に運搬排雪なども検討する。

e）凍結防止剤の散布

積雪寒冷地域では、路面温度の低下によって道路上の水分が凍結して凍結路面が発生する。凍結路面は、すべり抵抗が低下するため自動車の加速・制御が困難になり、平均旅行速度が低下するとともに、スリップ事故が発生するなど道路交通機能が低下する原因となる。路面の凍結を防止するため、路上水分の氷点を降下させる目的での凍結防止剤の散布が一般的である。凍結防止剤は、塩化ナトリウム、塩化カルシウムなどの塩化物系、酢酸系など多数存在するが、溶融性・即効性・持続性、価格と供給量、貯蔵・運搬・散布の容易性、環境影響などから、目的に応じて選定する必要がある。凍結防止剤は、一般に凍結防止剤散布車や散水車で散布するが、峠の坂路、橋梁あるいはトンネル出入口部などでは、小袋を置いておき人力散布することも行われている。

f）歩道の除雪

沿道条件、歩道構造、降雪条件などによって異なるが、歩道上で直接除雪する場合、歩道に小型除雪機械を乗り入れて除雪を行うのが一般的である。歩道上での作業となるため、歩行者への安全対策を十分に行う必要がある。

また、降雪量及び積雪量、雪質等の観点から主な除雪工法を次に示す。

a）新雪除雪

積雪が通行車両により踏み固められ圧雪となる前に路肩または路外に排除する作業。主に除雪トラックによって高速除雪される。

b）路面整正

通行車両によって踏み固められた路面上の圧雪を削り取り路面の平坦性・走行性を確保する作業。主に除雪グレーダによって除雪される。

c）拡幅除雪

新雪除雪や路面整正によって路側帯に堆積した雪を除去し、次期降雪に備えた堆雪帯を確保する作業。主にロータリ除雪車による投雪作業が一般的である。

d）運搬排雪

民家の連担や堆雪余裕幅がないなど拡幅除雪が困難な場合にダンプトラックに雪を積み込み雪捨て場まで運搬する作業。

e）雪庇・雪堤処理

多雪、強風地域においては、積雪の増加とともに風雪やロータリ除雪車等の投雪によって発生した雪庇・雪堤を除去する作業。

(a) 車道部　　(b) 歩道部

写真 7-10　除雪作業の例

参　考　資　料

参考資料1

社会資本整備審議会　道路分科会　道路メンテナンス技術小委員会「道路メンテナンスサイクルの構築に向けて」（平成25年6月）　抜粋

〈メンテナンスサイクルに関する基本的な規準の法令上の位置づけの確立〉

「個々の道路の維持管理については、たとえ同種の道路構造であっても一律の基準によるのではなく、当該道路の交通特性や地形・気候等の新設・改築後の道路の構造に影響を与える種々の要因を勘案した上で、必要な維持管理の内容が具体化されることが合理的である。個々の道路管理に一義的な責任を有し、その状況等を最もよく把握する各道路管理者が、具体の維持修繕をどのような実施要領に基づき行うべきか等を判断することが必要である。

従前は、道路の維持修繕に関して法令に位置づけのある基準はなかったが、道路法における維持修繕についての概括的な規定の下、国土交通省が出す通達等を踏まえて、各道路管理者が要領を定めるなどにより具体的な維持管理が行われてきたのも、このような考え方に沿ったものといえる。法令上の基準については、上記のように個別具体の道路の状況が多様である中、十分な維持管理を確保するための一般的な法規範として作ることが困難と考えられたことから、未制定であったと考えられる。

しかしながら、整備後相当年数が経過した道路ストックが増加し、適切な維持管理の重要性がこれまでになく高まっていることを踏まえれば、各道路管理者による維持管理の適切かつ確実な実施がなされるよう、これまで蓄積されてきた技術的知見を活かして、点検等メンテナンスサイクル構築のために必要不可欠な事項に関する基本的な基準を法令上定めることが必要である。」

参考資料２　道路の老朽化対策の本格実施に関する提言
（社会資本整備審議会道路分科会建議（平成 26 年 4 月 24 日）より）

最後の警告－今すぐ本格的なメンテナンスに舵を切れ

静かに危機は進行している

高度成長期に一斉に建設された道路ストックが高齢化し、一斉に修繕や作り直しが発生する問題について、平成 14 年以降、当審議会は「今後適切な投資を行い修繕を行わなければ、近い将来大きな負担が生じる」と繰り返し警告してきた。

しかし、デフレが進行する社会情勢や財政事情を反映して、その後の社会の動きはこの警告に逆行するものとなっている。即ち、平成 17 年の道路関係四公団民営化に際しては高速道路の管理費が約 30%削減され、平成 21 年の事業仕分けでは直轄国道の維持管理費を 10 ～ 20%削減することが結論とされた。そして、社会全体がインフラのメンテナンスに関心を示さないまま、時間が過ぎていった。国民も、管理責任のある地方自治体の長も、まだ橋はずっとこのままであると思っているのだろうか。

この間にも、静かに危機は進行している。道路構造物の老朽化は進行を続け、日本の橋梁の 70%を占める市町村が管理する橋梁では、通行止めや車両重量等の通行規制が約 2,000 箇所に及び、その箇所数はこの 5 年間で 2 倍と増加し続けている。地方自治体の技術者の削減とあいまって点検すらままならないところも増えている。

今や、危機のレベルは高進し、危険水域に達している。ある日突然、橋が落ち、犠牲者が発生し、経済社会が大きな打撃を受ける…、そのような事態はいつ起こっても不思議ではないのである。我々は再度、より厳しい言い方で申し上げたい。「今すぐ本格的なメンテナンスに舵を切らなければ、近い将来、橋梁の崩落など人命や社会システムに関わる致命的な事態を招くであろう」と。

すでに警鐘は鳴らされている

平成 24 年 12 月、中央自動車道笹子トンネル上り線で天井板落下事故が発生、9 人の尊い命が犠牲となり、長期にわたって通行止めとなった。老朽化時代が本格的に到来したことを告げる出来事である。この事故が発した警鐘に耳を傾けなければならない。また昨今、道路以外の分野において、予算だけでなく、メンテナンスの組織・体制・技術力・企業風土など根源的な部分の変革が求められる事象が出現している。これらのことを明日の自らの地域に起こりうる危機として捉える英知が必要である。

2005 年 8 月、米国ニューオーリンズを巨大ハリケーン「カトリーナ」が襲い、甚大な被害の様子が世界に報道された。実はこの災害は早くから想定されていた。ニューオーリンズの巨大ハリケーンによる危険性は、何年も前から専門家によって政府に警告され、前年にも連邦緊急事態管理庁（ＦＥＭＡ）の災害研究で、その危険性は明確に指摘されていたのである。にもかかわらず投資は実行されず、死者 1330 人、被災世帯 250 万という巨大な被害を出している。「来るかもしれないし、すぐには来ないかもしれない」という不確実な状況の中で、現在の資源を将来の安全に投資する決断ができなかったこの例を反面教師としなければならない。

橋やトンネルも「壊れるかもしれないし、すぐには壊れないかもしれない」という感覚があるのではないだろうか。地方公共団体の長や行政も「まさか自分の任期中は…」という感覚はないだろうか。しかし、私たちは東日本大震災で経験したではないか。千年に一度だろうが、可能性のあることは必ず起こると。笹子トンネル事故で、すでに警鐘は鳴らされているのだ。

行動を起こす最後の機会は今

道路先進国の米国にはもう一つ学ぶべき教訓がある。1920年代から幹線道路網を整備した米国は、1980年代に入ると各地で橋や道路が壊れ使用不能になる「荒廃するアメリカ」といわれる事態に直面した。インフラ予算を削減し続けた結果である。連邦政府はその後急ピッチで予算を増やし改善に努めている。それらの改善された社会インフラは、その後の米国の発展を支え続けている。

笹子トンネル事故は、今が国土を維持し、国民の生活基盤を守るために行動を起こす最後の機会であると警鐘を鳴らしている。削減が続く予算と技術者の減少が限界点を超えたのちに、一斉に危機が表面化すればもはや対応は不可能となる。日本社会が置かれている状況は、1980年代の米国同様、危機が危険に、危険が崩壊に発展しかねないレベルまで達している。「笹子の警鐘」を確かな教訓とし、「荒廃するニッポン」が始まる前に、一刻も早く本格的なメンテナンス体制を構築しなければならない。

そのために国は、「道路管理者に対して厳しく点検を義務化」し、「産学官の予算・人材・技術のリソースをすべて投入する総力戦の体制を構築」し、「政治、報道機関、世論の理解と支持を得る努力」を実行するよう提言する。

いつの時代も軌道修正は簡単ではない。しかし、科学的知見に基づくこの提言の真意が、この国をリードする政治、マスコミ、経済界に届かず「危機感を共有」できなければ、国民の利益は確実に失われる。その責はすべての関係者が負わなければならない。

提言の概要１：道路インフラを取り巻く現状

【道路インフラを取り巻く現状】

(1)道路インフラの現状

○全橋梁約73万橋のうち約52万橋が市町村道
○一部の構造物で老朽化による変状が顕在化
○地方公共団体管理橋梁では、近年通行規制等が増加

(2)老朽化対策の課題

○直轄維持修繕予算は本来ならば増額すべきだが、H28年度にH16年度の水準に戻ったところ
○町の約3割、村の約6割で橋梁保全業務に携わっている土木技術者が存在しない
○地方公共団体では、遠望目視による点検も多く点検の質に課題

(3)現状の総括(2つの根本的課題)

最低限のルール･基準が確立していない  メンテナンスサイクルを回す仕組みがない

提言の概要２：国土交通省の取組みと目指すべき方向性

【国土交通省の取組みと目指すべき方向性】

(1)メンテナンス元年の取組み

本格的にメンテナンスサイクルを回すための取組みに着手

○道路法改正【H25.6】
･点検基準の法定化
･国による修繕等代行制度創設

○インフラ長寿命化基本計画の策定【H25.11】
『インフラ老朽化対策の推進に関する関係省庁連絡会議』
⇒インフラ長寿命化計画（行動計画）の策定へ

(2)目指すべき方向性

①メンテナンスサイクルを確定
②メンテナンスサイクルを回す仕組みを構築

提言の概要３：具体的な取組み⇒メンテナンスサイクルを確定

各道路管理者の責任で以下のメンテナンスサイクルを実施

[点検]

○橋梁（約73万橋）・トンネル（約1万本）等は、国が定める統一的な基準により、5年に1度、近接目視による全数監視を実施

○舗装、照明柱等は適切な更新年数を設定し点検・更新を実施

[診断]

○統一的な尺度で健全度の判定区分を設定し、診断を実施

『道路インフラ健診』　（省令・告示：H26.3.31公布、同年7.1施行予定）

区分		状態
Ⅰ	健全	構造物の機能に支障が生じていない状態
Ⅱ	予防保全段階	構造物の機能に支障が生じていないが、予防保全の観点から措置を講ずることが望ましい状態
Ⅲ	早期措置段階	構造物の機能に支障が生じる可能性があり、早期に措置を講ずべき状態
Ⅳ	緊急措置段階	構造物の機能に支障が生じている、又は生じる可能性が著しく高く、緊急に措置を講ずべき状態

[措置]

○点検・診断の結果に基づき計画的に修繕を実施し、必要な修繕ができない場合は、通行規制・通行止め

○利用状況を踏まえ、橋梁等を集約化・撤去

○適切な措置を講じない地方公共団体には国が勧告・指示

○重大事故等の原因究明、再発防止策を検討する『道路インフラ安全委員会』を設置

[記録]

○点検・診断・措置の結果をとりまとめ、評価・公表（見える化）

提言の概要４：具体的な取組み⇒メンテナンスサイクルを回す仕組みを構築

メンテナンスサイクルを持続的に回す以下の仕組みを構築

[予算]

（高速）○高速道路更新事業の財源確保（平成26年法改正）

（直轄）○点検、修繕予算は最優先で確保

（地方）○複数年にわたり集中的に実施する大規模修繕・更新に対して支援する補助制度

[体制]

○都道府県ごとに『道路メンテナンス会議』を設置

○メンテナンス業務の地域一括発注や複数年契約を実施

○社会的に影響の大きな路線の施設等について、国の職員等から構成される『道路メンテナンス技術集団』による『直轄診断』を実施

○重要性、緊急性の高い橋梁等は、必要に応じて、国や高速会社等が点検や修繕等を代行（跨道橋等）

○地方公共団体の職員・民間企業の社員も対象とした研修の充実

[技術]

○点検業務・修繕工事の適正な積算基準を設定

○点検・診断の知識・技能・実務経験を有する技術者確保のための資格制度

○産学官によるメンテナンス技術の戦略的な技術開発を推進

[国民の理解・協働]

○老朽化の現状や対策について、国民の理解と協働の取組みを推進

参考資料３　道路に関する主な技術基準の制定状況

（平成 30 年 3 月現在）

	新設・改築に関する技術基準	維持・修繕に関する技術基準	
橋梁	橋、高架の道路等の技術基準	5年に一度近接目視 定期点検要領	
トンネル	道路トンネル技術基準 道路トンネル非常用施設設置基準（改定中）	5年に一度近接目視 定期点検要領	
舗装	舗装の構造に関する技術基準	点検要領	
土工	道路土工構造物技術基準	5年に一度近接目視 定期点検要領 （シェッド・大型カルバート）	点検要領 （切土・盛土・擁壁）
附属物等	道路標識設置基準 道路照明施設設置基準	5年に一度近接目視 定期点検要領 （門型標識・情報板）	点検要領 （門型以外の標識・照明）
	立体横断施設技術基準	5年に一度近接目視 定期点検要領（横断歩道橋）	
	防護柵の設置基準	（維持管理の内容を含む）	
	道路緑化技術基準	（維持管理の内容を含む）	

参考資料４　「道の駅」情報提供機能に関する巡視時のチェックポイント

道の駅には、道路管理者と市町村又はそれに代わり得る公的な団体で整備する「一体型」と市町村等で全て整備を行う「単独型」の２種類がある。一体型で道路管理者が整備した施設について、駐車場の破損、トイレの破損・汚れ、情報提供施設の破損・機能障害の有無の確認のため巡視を実施する。一方、単独型の道の駅の施設について、整備した市町村等または道の駅管理者に対して、道路管理者が行う巡視と同様の対応を促すことが必要である。また、道の駅は道路利用者や地域の方々が安心して自由に立ち寄れ、利用できる快適な施設であることが求められることから、特に、トイレが個室を含め清潔に保たれているか、情報提供施設で提供されている情報の内容が適切であるかなども確認する事項として重要である。なお、トイレは男性用と女性用とがあるので、例えば、巡視員が男性の場合には、道の駅管理者の協力を得て女性の従業員により女性用トイレの確認を行ってもらうなどの工夫が必要となる。

具体的な情報提供機能に関する巡視時のチェックポイントについては、国土交通省から公開されている「「道の駅」情報提供機能の改善に関するチェックポイント」

（http://www.mlit.go.jp/road/Michi-no-Eki/pdf/joho1.pdf）等が参考になる。

チェックポイント

8　効果的に紙ベースでの情報も提供していますか

- 世の中には様々な媒体による情報が存在しますが、IT機器の整備だけに終始すると、提供する情報内容が偏りがちになります。
- また、様々なニーズを持った多くの利用者への情報提供や、車に持ち込めて移動時の参考になる情報は、ITよりも紙媒体の方が有効だと言えます。
- 紙媒体には、ポスターなど壁に貼る物から、パンフレット、リーフレットなどのように大きさや形状が様々な物があり、それらを見やすく配置できる工夫や設備が必要となります。
- さらに、設備配置を壁際に集中するのではなく、立体的にすることで、外側から見て賑わいが感じられます。

Check１：二重三重に重ねられ下のパンフ等の存在が分からない状態になっていませんか？

Check２：情報の内容に応じた配置や分類分けがなされていますか？

Check３：壁面のみの平面的な配置ではなく、立体的な配置にするなど、魅力的な配置にも心がけていますか？

悪い例

パンフレットが雑然と置かれている

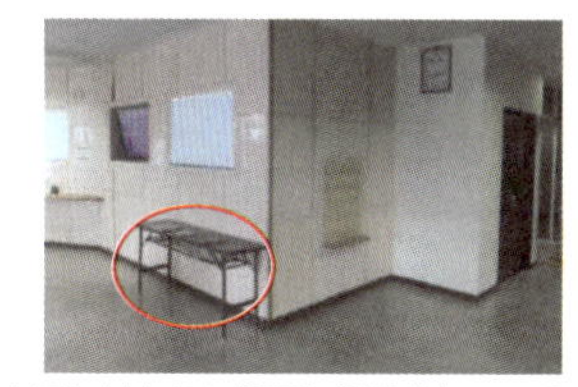

人目に付かない場所に設置されている

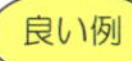

パンフレットを選別し、箱で整理

壁面にチラシを貼付、筒で整理

パンフレット掲載内容の位置をマップで表示

「道の駅」情報提供機能の改善に関するチェックポイント
（国土交通省）の内容例

参考資料5　「道の駅」のトイレの維持管理上のチェックポイント

具体的な「道の駅」のトイレの維持管理に関するチェックポイントについては、国土交通省から公開されている「「道の駅」のトイレの改善に関するチェックポイント」

（http://www.mlit.go.jp/road/Michi-no-Eki/pdf/toilet1.pdf）等が参考になる。

以下に、この資料に記載されている事項の一部抜粋を示す。

1　快適で利用しやすい設備について

- 設備の不具合や破損は利用者の利便性低下に加えて、いたずら等の発生を招くおそれもあるため、日常的に点検する必要があります。
- 設備の不具合や破損を発見した場合は早急に対応することも重要です。特に配管からの水漏れなど緊急性を要する破損を発見した場合は早急に施設管理者に連絡し、対応することが求められます。
- また、一年を通じて快適に利用できるように、夏期の防虫対策実施や冬期の暖房設備に異常がないか等の点検も心がけましょう。

チェック１：屋内外の照明の不点灯はありませんか？

チェック２：手荷物等を置く棚やフックが壊れていませんか？

チェック３：便座クリーナーは壊れていませんか？

チェック４：擬音装置は故障したり電源が抜けていませんか？

チェック５：個室への出入り及び施錠に支障はありませんか？

チェック６：石けんは入れ物が壊れていませんか？

チェック７：ハンドドライヤーやペーパータオルの入れ物等は故障していませんか？

チェック８：多目的シート（ベビー用おむつ交換台等）、ベビーチェアに汚れやガタツキはありませんか？

チェック９：不具合があったり、壊れている箇所への対応はされましたか？

チェック10：防虫対策や冷暖房設備など、一年を通じて快適な利用ができるように施設を管理していますか？

2　適切な清掃について

- 汚れの有無や備品の補充等は清掃時に必ず確認し、対応することで清潔で快適に利用できるトイレが保たれます。

チェック１：便器・便座に汚れが付着していませんか？

チェック２：トイレットペーパーは予備も含めて清潔な状態で設置されていますか？

チェック３：便座クリーナーや便座シートは十分に補充されていますか？

チェック４：ペーパータオルは十分に補充されていますか？

チェック５：ゴミ箱、サニタリーボックスがいっぱいになっていませんか？

チェック６：排水の目詰まりはありませんか？

チェック７：床に汚れ付着やゴミの散乱がありませんか？

チェック８：床に水が溜まっていて滑りやすくなっていませんか？

チェック９：手洗い場に汚れや髪の毛など付着物がありませんか？

チェック10：手洗い場の石けんが十分に補充されていますか？

チェック11：鏡に汚れが付着していませんか？

チェック12：洗浄水は勢いよく流れますか？

3　消臭対策について

- トイレの臭いは目に見える汚れが原因となっている場合や、目に見えにくい便座の裏側や排水管、壁面への汚れの付着・固形化が原因となっている場合もあります。
- 汚れが固形化する前のこまめな清掃に加えて、消臭剤の設置等の対策が必要です。
- 清掃時には臭いがこもっていないか確認し、原因を把握して対応することが必要です。

チェック１：臭いの状況・原因を把握し、適切な消臭対策を行っていますか？

参考資料6

道路法第四十四条の二の改正に伴う不法占用物件の対策強化

道路法改正（平成28年9月）により、道路法第四十四条の二第一項において、従来対象としていた車両から落下した積載物等の道路に放置された物件だけでなく、他人の所有又は占有に係る物件、いわゆる「有価物」であっても、違法に道路に設置されている物件（違法放置等物件）が、現に道路の構造に損害を及ぼし、または交通に危険を及ぼしている場合だけでなく、それらのおそれがあると認められる場合において、措置命令すべき者が不明のとき、あるいは措置命令すべき者が明らかであってもその者が現場にいないとき、また、措置命令を受けた者が命令に従わないときは、道路管理者若しくは道路管理者が委託した者が速やかにその物件等を除去することができるようになった。これにより、例えば道路区域外から道路上に張り出した竹木等の交通の障害となっている物件についても道路管理者等が除去することができるようになった。除去する場合には、除去前後の状況を可能な限り写真等により記録しておくことが必要である。このように、道路管理者が不法占用物件を迅速に除去できるようになったが、この対象とならない場合は、従来どおり、措置命令すべき者が不明のときには簡易代執行を行い、あるいは、措置命令を受けた者が命令に従わないときは行政代執行法に基づく手続きを経る必要がある。

参考資料７　道路巡視支援システム

１．道路巡視支援システムの概要

道路巡視システムは、道路巡視業務の高度化・効率化を目的として作成されたシステムで、現地情報の迅速な収集と道路管理者間のリアルタイムな情報共有を支援するものである。

現場での情報収集は、タブレット型携帯端末を使用し、効率的かつ正確な情報収集が可能である。また、収集された情報は、各拠点のPC端末にて、リアルタイムに閲覧ができる。

・通常時の道路巡視、災害時の緊急巡視、行政相談対応等に利用可能です。

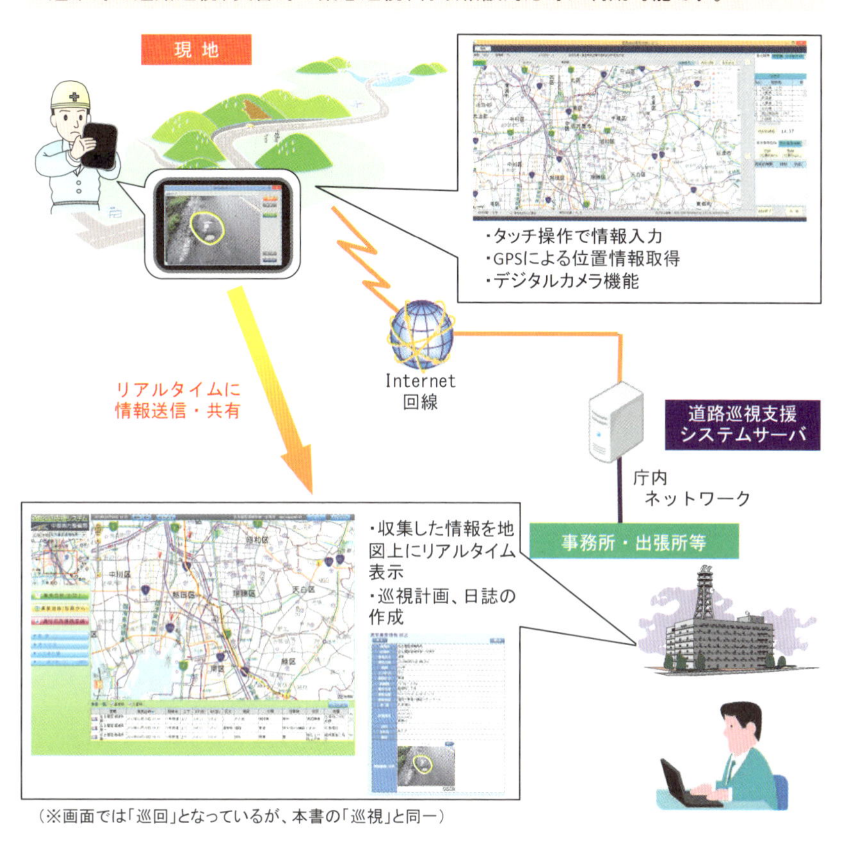

（※画面では「巡回」となっているが、本書の「巡視」と同一）

2．道路巡視支援システムの活用手順

①巡視計画の作成・取り込み

トップページ

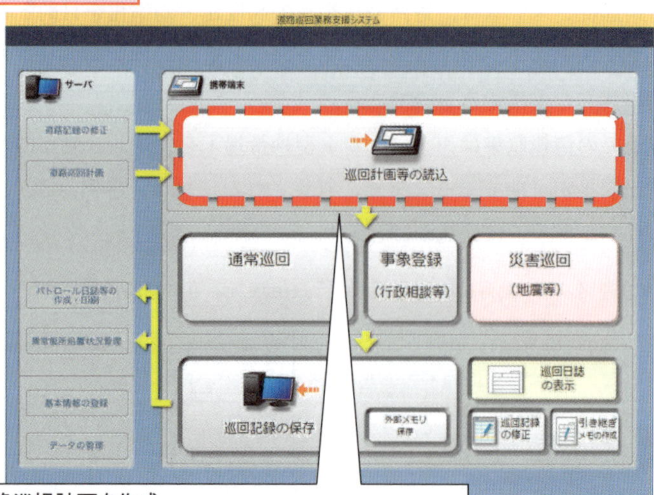

道路巡視計画の表示

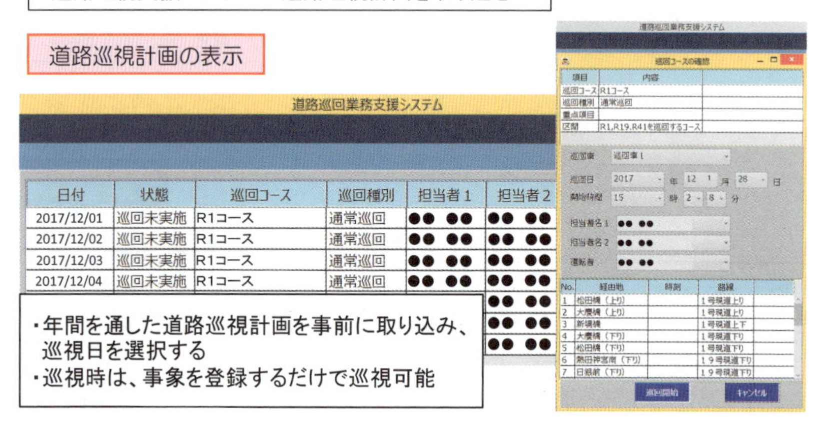

（※画面では「巡回」となっているが、本書の「巡視」と同一）

②道路巡視

巡視画面

（※画面では「巡回」となっているが、本書の「巡視」と同一）

④道路巡視日誌の作成

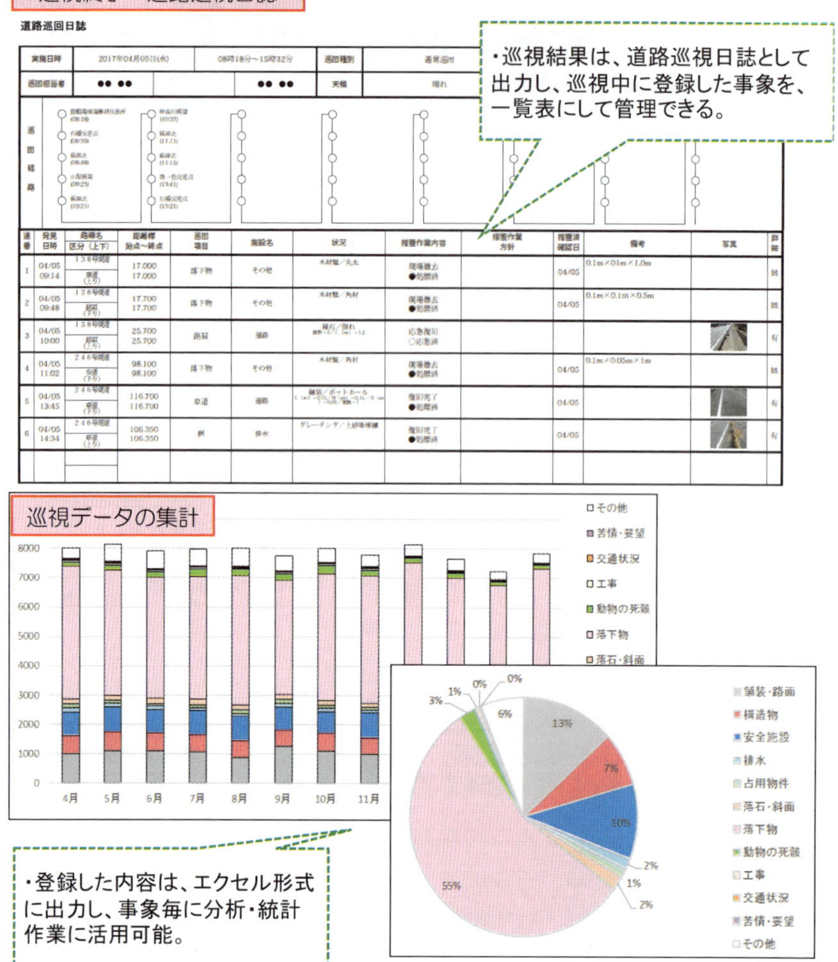

（※画面では「巡回」となっているが、本書の「巡視」と同一）

⑤道路巡視データ分析

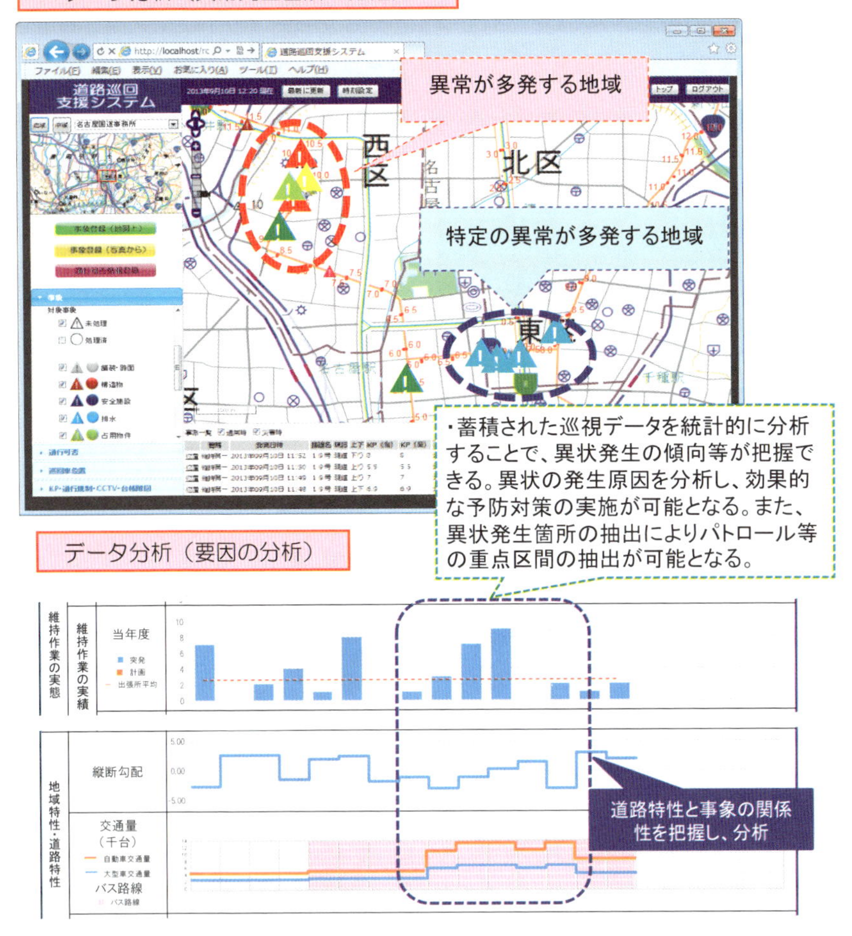

（※画面では「巡回」となっているが、本書の「巡視」と同一）

参考資料８　スマートフォン等を活用した道路情報収集の例

道路の損傷などの状況を一般ドライバー等からスマートフォン等を利用し通報できるシステムを導入している事例を以下に示す。

導入している地方自治体の例（ホームページより）

静岡県浜松市

神奈川県相模原市

京都府京都市

～「みっけ隊」について～
市民の皆さんが応援隊となり、美しい京都の安心・安全な暮らしを守るため、道路や公園等の損傷箇所を投稿するアプリです。
ぜひ登録して、みっけ隊となって活動して下さい。

神奈川県座間市

なおしてざまりん：座間市施設損傷等通報アプリケーション

「なおしてざまりん」は、座間市が管理する道路の破損・漏水の状況等を通報できるアプリです。

「なおしてざまりん」のつかいかた

1.アプリの起動

道路の破損箇所等を発見したら、端末のGPS機能をONにして、アプリを起動してください。
メニュー画面で「メールで通報」を選択してください。

愛知県半田市

「マイレポはんだ」とは

「マイレポはんだ」とは、スマートフォンを利用して、道路の陥没や施設の破損など、身近な問題を手軽に解決する半田市の先進的な取り組みの名称です。半田市では、スマートフォンの無料アプリ（FixMyStreetJapan）を利用して、地域の課題や問題を解決する制度に取り組んでおります。

参考資料9　道路台帳・調書様式例

第1表（表）

○ ○ 道 路 台 帳

整理番号		図面対照番号	

道路の種類	国　道	路線名	号	道路管理者	関東地方整備局長
路線の指定年月日	年　月　日	指定の該当条項			
起　点		主要な経過地			
終　点					
路線の延長					

路線の延長の内訳				供用開始の区間及び年月日
供用されている区間の延長	実延長	m		
	重複延長	m		
供用されていない区間の延長		m		

実延長の内訳	道路	トンネル		橋			渡船施設			
	m	個数	延長(m)	種類	個数	延長(m)	渡船場		渡船	
				永久橋			個数	延長(m)	船数	運行距離
				木橋						m
				混合橋						
				計						

車道の幅員 ＼ 路面の種類	9.0 m 以上	5.5 m 以上 9.0 m 未満	4.0 m 以上 5.5 m 未満	4.0 m 未満
舗装道	m	m	m	m
砂利道	m	m	m	m
計	m	m	m	m
自動車交通不能区間の延長	m			

道路の敷地の面積	国有地	地方公共団体有地	民有地	計
	㎡	㎡	㎡	㎡

鉄道又は新設軌道との交差	交差の方式		個数
	立体交差	跨道	
		跨線	
		計	
	平面交差		

最小車道幅員	箇所	最小曲線半径	箇所	最急縦断勾配	箇所
m		m		%	

有料道路	区間	延長	管理者	根拠条項	料金徴収期間

延長の内訳	道路	トンネル		橋		渡船施設
	m	個数	延長(m)	個数	延長(m)	延長
						m

9.0 m以上	m	5.5 m以上 9.0 m未満	m	4.0 m以上 5.5 m未満	m	4.0 m未満	m

（裏）

道路と効用を兼ねる主要な他の工作物の概要
道路一体建物の概要
協定利便施設の概要
軌道その他主要な占用物件の概要
その他特記すべき事項
調製（改訂）の年月日

第二表

実延長調書

区間	幅員（メートル）				延長（メートル）					逓加延長	路面の種類	備考
	車道	歩道	分離帯	路肩	道路	トンネル	橋	渡船施設	計			

第三表

トンネル調書

図面対照番号	名称	箇所	延長	構造								建設年次	備考
				幅員			有効高	拱	側壁	排水施設	照明設備		
				車道	歩道	路肩							

第四表

橋　調　書

図面対照番号	名称	箇所	延長	幅員			面積	橋種及び型式	建設年次	耐荷荷重	現況	備考
				車道	歩道	路肩						

第五表

鉄道等との交差調書

図面対象番号	箇所	鉄道又は新設軌道の名称	交差の方式	延長	幅員	有効高又は交差角度	備考

参考資料10　路上工事抑制カレンダー

「路上工事抑制カレンダー」とは、交通量が増加することが予見される日の路上工事を抑制する取組である。路上工事抑制時期に設定される主な期間としては、

① 行楽シーズンや帰省シーズン等：年末年始、盆、GW、その他の連休等

② 交通量の増加する時期：年度末

③ 地域特有の交通量が増加する時期:祭などの行事の期間､観光のハイシーズン等

を参考に設定している。

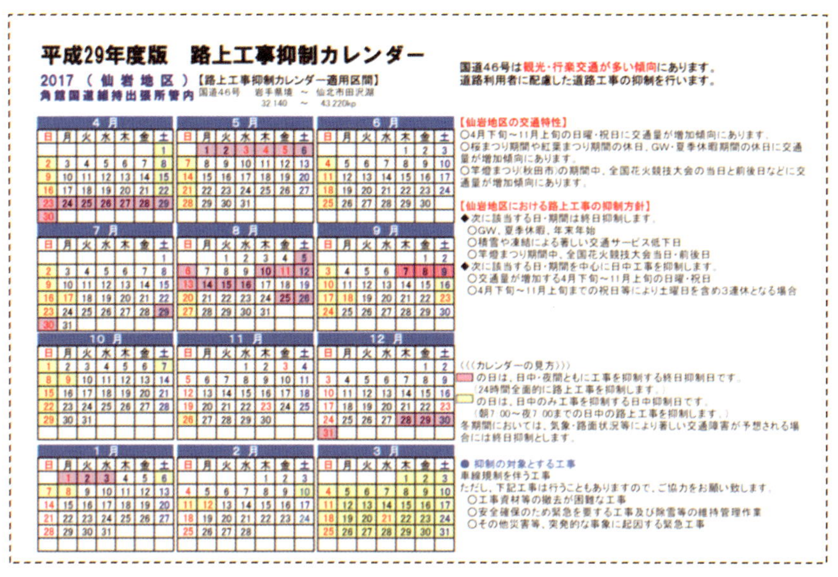

国土交通省国道事務所での「路上工事抑制カレンダー」作成事例

道路の維持管理

平成 30 年 3 月 30 日　初版　第 1 刷発行
令和 5 年 5 月 26 日　　　　第 2 刷発行

編集発行所　公益社団法人 日本道路協会
東京都千代田区霞が関 3－3－1

印刷所　有限会社 セキグチ

発売所　丸善出版株式会社
東京都千代田区神田神保町 2－17

ISBN978-4-88950-671-6 C2051

Memo

Memo

日本道路協会出版図書案内

図書名	ページ	定価(円)	発行年
交通工学			
クロソイドポケットブック（改訂版）	369	3,300	S49. 8
自転車道等の設計基準解説	73	1,320	S49.10
立体横断施設技術基準・同解説	98	2,090	S54. 1
道路照明施設設置基準・同解説（改訂版）	240	5,500	H19.10
附属物（標識・照明）点検必携 ～標識・照明施設の点検に関する参考資料～	212	2,200	H29. 7
視線誘導標設置基準・同解説	74	2,310	S59.10
道路緑化技術基準・同解説	82	6,600	H28. 3
道路の交通容量	169	2,970	S59. 9
道路反射鏡設置指針	74	1,650	S55.12
視覚障害者誘導用ブロック設置指針・同解説	48	1,100	S60. 9
駐車場設計・施工指針同解説	289	8,470	H 4.11
道路構造令の解説と運用（改訂版）	742	9,350	R 3. 3
防護柵の設置基準・同解説（改訂版） ボラードの設置便覧	246	3,850	R 3. 3
車両用防護柵標準仕様・同解説（改訂版）	164	2,200	H16. 3
路上自転車・自動二輪車等駐車場設置指針 同解説	74	1,320	H19. 1
自転車利用環境整備のためのキーポイント	140	3,080	H25. 6
道路政策の変遷	668	2,200	H30. 3
地域ニーズに応じた道路構造基準等の取組事例集（増補改訂版）	214	3,300	H29. 3
道路標識設置基準・同解説（令和2年6月版）	413	7,150	R 2. 6
道路標識構造便覧（令和2年6月版）	389	7,150	R 2. 6
橋梁			
道路橋示方書・同解説（Ⅰ共通編）（平成29年版）	196	2,200	H29.11
〃（Ⅱ鋼橋・鋼部材編）（平成29年版）	700	6,600	H29.11
〃（Ⅲコンクリート橋・コンクリート部材編）（平成29年版）	404	4,400	H29.11
〃（Ⅳ下部構造編）（平成29年版）	572	5,500	H29.11
〃（Ⅴ耐震設計編）（平成29年版）	302	3,300	H29.11
平成29年道路橋示方書に基づく道路橋の設計計算例	564	2,200	H30. 6
道路橋支承便覧（平成30年版）	592	9,350	H31. 2
プレキャストブロック工法によるプレストレスト コンクリートTげた道路橋設計施工指針	81	2,090	H 4.10
小規模吊橋指針・同解説	161	4,620	S59. 4
道路橋耐風設計便覧（平成19年改訂版）	300	7,700	H20. 1

日本道路協会出版図書案内

図書名	ページ	定価(円)	発行年
鋼道路橋設計便覧	652	7,700	R 2.10
鋼道路橋疲労設計便覧	330	3,850	R 2. 9
鋼道路橋施工便覧	694	8,250	R 2. 9
コンクリート道路橋設計便覧	496	8,800	R 2. 9
コンクリート道路橋施工便覧	522	8,800	R 2. 9
杭基礎設計便覧（令和2年度改訂版）	489	7,700	R 2. 9
杭基礎施工便覧（令和2年度改訂版）	348	6,600	R 2. 9
道路橋の耐震設計に関する資料	472	2,200	H 9. 3
既設道路橋の耐震補強に関する参考資料	199	2,200	H 9. 9
鋼管矢板基礎設計施工便覧（令和4年度改訂版）	407	8,580	R 5. 2
道路橋の耐震設計に関する資料 (PCラーメン橋･RCアーチ橋･PC斜張橋等の耐震設計計算例)	440	3,300	H10. 1
既設道路橋基礎の補強に関する参考資料	248	3,300	H12. 2
鋼道路橋塗装・防食便覧資料集	132	3,080	H22. 9
道路橋床版防水便覧	240	5,500	H19. 3
道路橋補修・補強事例集（2012年版）	296	5,500	H24. 3
斜面上の深礎基礎設計施工便覧	336	6,050	R 3.10
鋼道路橋防食便覧	592	8,250	H26. 3
道路橋点検必携～橋梁点検に関する参考資料～	480	2,750	H27. 4
道路橋示方書・同解説Ⅴ耐震設計編に関する参考資料	305	4,950	H27. 4
道路橋ケーブル構造便覧	462	7,700	R 3.11
道路橋示方書講習会資料集	404	8,140	R 5. 3
舗装			
アスファルト舗装工事共通仕様書解説（改訂版）	216	4,180	H 4.12
アスファルト混合所便覧（平成8年版）	162	2,860	H 8.10
舗装の構造に関する技術基準・同解説	104	3,300	H13. 9
舗装再生便覧（平成22年版）	290	5,500	H22.11
舗装性能評価法(平成25年版)―必須および主要な性能指標編―	130	3,080	H25. 4
舗装性能評価法別冊 ―必要に応じ定める性能指標の評価法編―	188	3,850	H20. 3
舗装設計施工指針（平成18年版）	345	5,500	H18. 2
舗装施工便覧（平成18年版）	374	5,500	H18. 2
舗装設計便覧	316	5,500	H18. 2
透水性舗装ガイドブック2007	76	1,650	H19. 3
コンクリート舗装に関する技術資料	70	1,650	H21. 8

日本道路協会出版図書案内

図書名	ページ	定価(円)	発行年
コンクリート舗装ガイドブック2016	348	6,600	H28. 3
舗装の維持修繕ガイドブック2013	250	5,500	H25.11
舗装の環境負荷低減に関する算定ガイドブック	150	3,300	H26. 1
舗装点検必携	228	2,750	H29. 4
舗装点検要領に基づく舗装マネジメント指針	166	4,400	H30. 9
舗装調査・試験法便覧（全4分冊）(平成31年版)	1,929	27,500	H31. 3
舗装の長期保証制度に関するガイドブック	100	3,300	R 3. 3
アスファルト舗装の詳細調査・修繕設計便覧	250	6,490	R 5. 3
道路土工			
道路土工構造物技術基準・同解説	100	4,400	H29. 3
道路土工構造物点検必携（令和2年版）	378	3,300	R 2.12
道路土工要綱（平成21年度版）	450	7,700	H21. 6
道路土工－切土工・斜面安定工指針（平成21年度版）	570	8,250	H21. 6
道路土工－カルバート工指針（平成21年度版）	350	6,050	H22. 3
道路土工－盛土工指針（平成22年度版）	328	5,500	H22. 4
道路土工－擁壁工指針（平成24年度版）	350	5,500	H24. 7
道路土工－軟弱地盤対策工指針（平成24年度版）	400	7,150	H24. 8
道路土工－仮設構造物工指針	378	6,380	H11. 3
落石対策便覧	414	6,600	H29.12
共同溝設計指針	196	3,520	S61. 3
道路防雪便覧	383	10,670	H 2. 5
落石対策便覧に関する参考資料 ―落石シミュレーション手法の調査研究資料―	448	6,380	H14. 4
トンネル			
道路トンネル観察・計測指針（平成21年改訂版）	290	6,600	H21. 2
道路トンネル維持管理便覧【本体工編】（令和2年版）	520	7,700	R 2. 8
道路トンネル維持管理便覧【付属施設編】	338	7,700	H28.11
道路トンネル安全施工技術指針	457	7,260	H 8.10
道路トンネル技術基準（換気編）・同解説（平成20年改訂版）	280	6,600	H20.10
道路トンネル技術基準（構造編）・同解説	322	6,270	H15.11
シールドトンネル設計・施工指針	426	7,700	H21. 2
道路トンネル非常用施設設置基準・同解説	140	5,500	R 1. 9
道路震災対策			
道路震災対策便覧（震前対策編）平成18年度版	388	6,380	H18. 9

日本道路協会出版図書案内

図　書　名	ページ	定価(円)	発行年
道路震災対策便覧（震災復旧編）(令和4年度改定版)	545	9,570	R 5. 3
道路震災対策便覧（震災危機管理編）(令和元年7月版)	326	5,500	R 1. 8
道路維持修繕			
道路の維持管理	104	2,750	H30. 3
英語版			
道路橋示方書（Ⅰ共通編）〔2012年版〕（英語版）	160	3,300	H27. 1
道路橋示方書（Ⅱ鋼橋編）〔2012年版〕（英語版）	436	7,700	H29. 1
道路橋示方書（Ⅲコンクリート橋編）〔2012年版〕（英語版）	340	6,600	H26.12
道路橋示方書（Ⅳ下部構造編）〔2012年版〕（英語版）	586	8,800	H29. 7
道路橋示方書（Ⅴ耐震設計編）〔2012年版〕（英語版）	378	7,700	H28.11
舗装の維持修繕ガイドブック2013（英語版）	306	7,150	H29. 4
アスファルト舗装要綱（英語版）	232	7,150	H31. 3

※消費税10%を含みます。

発行所 (公社)日本道路協会　☎(03)3581-2211
発売所 丸善出版株式会社　☎(03)3512-3256
丸善雄松堂株式会社　学術情報ソリューション事業部
法人営業統括部　カスタマーグループ
TEL：03-6367-6094　FAX：03-6367-6192　Email：6gtokyo@maruzen.co.jp